编 委 会

五粮液图志

杨振东　李明强　主编

文物出版社

图书在版编目(CIP)数据

五粮液图志 / 杨振东，李明强主编. -- 北京：
文物出版社，2021.8
ISBN 978-7-5010-7144-9

Ⅰ.①五… Ⅱ.①杨… Ⅲ.②李… Ⅲ.①浓香型白酒－中国－图集
Ⅳ.①TS262.3-64

中国版本图书馆CIP数据核字(2021)第122279号

五粮液图志

主　　编：杨振东　李明强

责任编辑：孙　霞

责任印制：王　芳

摄　　影：杨　罡

出版发行：文物出版社

社　　址：北京市东城区东直门内北小街2号楼

邮　　编：100007

网　　址：http://www.wenwu.com

经　　销：新华书店

印　　制：北京雅昌艺术印刷有限公司

开　　本：889mm×1194mm　1/16

印　　张：33.375

版　　次：2021年8月第1版

印　　次：2021年8月第1次印刷

书　　号：ISBN 978-7-5010-7144-9

定　　价：1299.00元

五千年灿烂文明，最纯粹的中国情结，根植于心。
从北宋姚子雪曲，到今日之五粮液，"各味谐调，恰到好处"的盛誉随影而行。
和谐行天下，酒醇香五洲。一瓶酒，可以满足对一种文化的向往。

绪言：五粮蕴天香

道有五行，儒有五常，神有五帝，天生五材，民并用之，已成万物。民以五谷为养，皆为口粮，五粮液合五粮之精，和五行之气，历久弥新，传承千年。在中国白酒行业中，五粮液开创了五粮酿酒的先河，成为中国"五行文化"及中医"五谷为养"理念在白酒中的最佳表达。在新时代的征程中，五粮液正用自己独有的方式，让传世佳酿继续香飘万里、醉满神州，让五粮液品牌以更高水平享誉国际。

深厚的历史积淀和千年的工艺坚守，五粮液始终持有中国浓香型白酒的最高酿造品质。五粮液传承纯粮固态发酵的传统酿造工艺，利用"包包曲"作为糖化发酵剂，以陈年老窖为发酵设备，沿用数代人精心提炼的"陈氏秘方"，采用"跑窖循环""固态续糟""双轮底发酵"等发酵技术，以及"分层起糟""分层蒸馏""量质摘酒""按质并坛"等传统酿造工艺，再经过陶坛陈酿，每一道工序都保证精益求精，用心酿造每一瓶好酒，满足人民群众对美好生活的需求。

五粮液十分注重人才培养，在业内拥有匠人匠心优势。五粮液酿酒传统作风可用"老老实实、一丝不苟，吃苦耐劳、艰苦奋斗，坚韧不拔、持之以恒"24个字概括。五粮液工匠精神代代相传、口口相传，实现了传统技艺的传承、一生匠心的传承。

凭借"在地球同纬度上最适合酿造优质纯正蒸馏白酒的地区"特有的酿造环境优势，六百五十三年从未间断发酵的明代古窖池，萃取高粱、大米、糯米、小麦、玉米五种粮食精华的五粮配方，特有的川南百万亩专用粮食基地，以及传承与创新兼备的特有酿造工艺等，造就了五粮液"香气悠久，味醇厚，入口甘美，入喉净爽，各味谐调，恰到好处"的独特风格。

五粮液始终将卓越品质作为撬动市场的不二法宝。为保证产品质量，五粮液建立了从一粒粮食到一滴美酒的全过程质量管控体系，并自发建立了项目多于国家标准、限值严于国家标准的企业标准体系，涵盖原料辅料、酿酒生产、物流运输、顾客市场全过程，有效确保了产品品质行业领先。1988年，五粮液获得了我国第一张产品质量认证证书。此后，五粮液先后在1990年、2003年、2011年荣获"国家质量管理奖""全国质量管理奖""全国质量奖"，成为白酒行业内唯一三度获得质量管理最高荣誉奖项的企业。2017年，五粮液成为国内首家荣获"全球卓越绩效奖"的酒类企业。

2020年，五粮液新增12万吨纯粮固态发酵原酒产能、30万吨陶坛储存酒库、35万吨勾储酒库、升级完成100万亩专用粮基地建设。"用心不计代价，用工不计成本，用时不计岁月"，这是五粮液对品质极致追求的真实写照。正是这份匠心坚守，使五粮液擦亮"中国酿造"的底色，卫冕中国浓香型白酒之冠。

五谷生玉液，香飘五大洲

"假天工之巧，可以开物；聚执着匠心，方可出奇""工欲善其事，必先利其器"。对五粮液来讲，其"器"就是五粮液的极致酿造工艺。

"在历史中诞生，又在历史中传承和创新"，这就是中国酿酒大师在五粮液多年的酿酒实践和科研工作的精彩总结。在具有浓香型白酒"固态续糟、泥窖发酵、低温入窖、缓慢发酵"等共性生产工艺的同时，五粮液基酒生产的核心特点是"1366"，即"一极三优六首创六精酿"的极致酿造工艺。

一极：相对极端的五粮液酿造工艺条件

酿造五粮液与其他酒种相比，入窖酸度最高、入窖淀粉浓度最高、入窖水分最低，操作过程不易控制、生产成本高。比如，入窖淀粉浓度高，粮食、糟醅、酒曲粘在一起，不好操作，劳动强度大；入窖酸度高，酸度稍稍控制不好，过高就会抑制参与发酵的酵母等微生物生长及代谢，导致不产酒。这些，五粮液都能不惜成本，精益求精做好控制，体现了五粮液酿造"追求极致"的工艺特色。

三优：地理位置、老窖池、匠人匠心

得天独厚的地理位置：亚热带季风性湿润气候，适合微生物生长；弱酸性黄黏土，富含多种矿物质，尤其是镍、钴这两种矿物质在宜宾以外的酿酒地区很少见，是五粮液酿酒生产筑窖和喷窖的专用泥土；酿酒用水是取自岷江中心河道90米深处的地下古河道水，水质优良、杂质少，富含对人体有益的20多种微量元素。气候、土壤、水源"三位一体"的自然条件，极为有利于窖泥的老熟，制曲微生物的富集，酿酒微生物的生长、繁衍。

传承千年的老窖池："千年老窖万年糟，酒好须得窖池老"。五粮液拥有全国最老的古窖池群，以及最多、最大的老窖池群，其中明代老窖一直由洪武年间延续使用至今，已达六百五十三年之久。

匠人匠心：十年树木，百年树人，五粮液酿酒传统作风可用"老老实实、一丝不苟，吃苦耐劳、艰苦奋斗，坚韧不拔、持之以恒"24个字概括。五粮液工匠精神代代相传、口口相传，实现了传统技艺的传承，一生匠心的传承。

六首创、六精酿：层层甄选五粮液

六首创：五粮配方、包包曲、跑窖循环、沸点量水、双轮底发酵和勾兑双绝。

六精酿：在五粮液"层层甄选、匠心酿造"的过程中，五粮液首创了六种酿造工艺：分层入窖、分层起糟、分层蒸馏、量质摘酒、按质并坛、分级储存，引领中国白酒生产风尚。

包包曲：捕集自然界丰富微生物酿造好酒

五粮液包包曲，兼顾中温曲和高温曲的优点，具有丰富的菌系和酶系，为发酵生香提供动力。跑窖循环，有利于整个酿酒区域发酵水平的平衡和提高；沸点量水有利于出甑后粮食的吸水、糊化、糖化，促进入窖糟醅良好发酵；双轮底发酵，充分利用老窖池的资源优势，生产高水平、高质量的调味酒；勾兑双绝，是计算机勾调专家系统与人工勾调技术的完美结合，能提升勾调效率和保证产品质量。

五粮液大家族

目　录

第四章　1985～2004年　600年窖池　誉满神州

第五章　2005年～至今　开拓进取　再创新辉煌

第六章　生肖酒·星座酒

第七章　纪念酒·文创酒·复刻酒

第八章　定制酒·酒版

附录　品鉴·收藏

第一章

盛唐～1908年

传承逾千载　五粮液的历史前身

五粮液简史

唐代"重碧春酒"与酒业

唐代，宜宾政治、经济又有新的发展。戎州于贞观六年（632年）由南溪迁回僰道（今宜宾城区）后，城内设戎州都督府，领羁縻州64个，辖县140余，辖境远达今云南省文山、个旧、蒙自、石屏一线。玄宗天宝元年（741年），戎州改称南溪郡，是剑南西川节度使鲜于仲通于天宝十年（751年）与宰相杨国忠征讨南诏"下兵"之地。直到肃宗乾元元年（758年），方复称戎州。此一时期，戎州州城已由原仅局限于旧城"西南隅"发展到三江口，初具"临江枕山"态势。城北沿岷江修道，在天仓山筑烽火"烟墩"，在今宜宾县蕨溪宣化坝有义宾县，在今宜宾县观音镇一带置有归顺县，在戎州西南有开边县（今安边），州东南为南溪县（治李庄对岸）。开元年间，戎州户口已达6787户，每县平均达1357户，故被列为"中州"，戎州都督府也列为"中都督府"。

据《中国历代粮食亩产研究》等书所载，唐代前期粮食亩产167公斤，比汉代增长11%左右；人均占有粮食已达628公斤，比汉代增长27%以上。列为"中州"的戎州，其经济之发展必不弱于一般州、县。唐王朝在元和时期，戎州岁贡增加了"荔枝煎四斗"，成为全国280州中唯有贡荔枝煎的两个州之一（另有广州）。戎州僰道人黎干，于玄宗时被选为"待诏翰林"，后担任唐王朝首都地方行政长官京兆尹。

唐代宗永泰元年（765年）5月，杜甫离开成都沿江东下。6月到达戎州，应刺史杨某的邀请，在城之东楼（今宜宾北城东楼街）参加宴会。豪华的场面，欢乐的氛围，居然使忧患一生的杜甫叹为"胜绝"。于是，他挥毫写下一首七律：

宴戎州杨使君东楼

胜绝惊身老，情忘发兴奇。

坐从歌妓密，乐任主人为。

重碧拈春酒，轻红擘荔枝。

楼高欲愁思，横笛未休吹。

诗中的"重碧春酒"是宜宾古酿名酒之一，也是宜宾酿酒成果通过名人诗作而享誉神州的最早名酒之一。

"春酒"创制定型于商末周初，在汉代已列为名酒，屡被《东京赋》等文学名篇所赞誉。至晋，春酒又名"春醪"，其所含酒精度数更为增高。经过历代改进酿作方法，可以春酿冬熟或冬酿春熟，再细经过滤、澄清，品质更为提高，以致达到了杜甫所饮戎州"重碧"醲色的精品程度。

杜甫一生虽忧国忧民、生活困顿，但生平饮酒不少，"酒债行处寻常有"，依然"每日江头尽醉归"。早年在长安，杜甫与李白、贺知章、苏晋、张旭等交往密切，写下了《饮中八仙歌》，品尝名酒，自然不少。他寓居成都后，又有"蜀酒浓无敌"之感。据说，杜甫一生写诗1400多首中，有300首与酒相涉。杜甫好友严武任剑南西川节度使，杜甫任节度参谋、检校工部员外郎，出没"帅府"之中，成都美酒应该多已尝遍。但他到了戎州，却对重碧春酒吟咏赞叹，进而又深叹此宴"胜绝"，并"情忘发兴奇"。

杜甫经过戎州之后17年，唐德宗建中三年（782年），唐王朝实行了"天下悉令官酿"的政策，规定"斛收直三千，味虽贱，不得减二千。委州县综领。醨薄私酿，罪有差"。经此戎州的重碧春酒便成为官酿名酒。

由于在上述政策执行中出现过激情况，唐武宗会昌六年（846年）9月，皇帝下诏曰："如闻禁止私酤，过于严酷，

黄庭坚雕像

一人违法，连累数家，闾里之间，不免咨怨。宜从今以后，如有私沽酒及置私曲者，但许罪止一身……乡井之内，如不知情，并不得追扰。其所犯之人，任用重典，兼不得没入家产。"这就大大放宽了"酒禁"，实际是实行了缓解政策，因而在客观上放纵了私酿、私沽。

明代曹学佺所撰《蜀中名胜记》，在"叙州府"下"南溪县"一节中载有唐末韦庄一诗：

夜雪泛舟游南溪

大江西面小溪斜，入竹穿松似若耶。

两岸严风吹玉树，一潭明月照银砂。

因寻野渡逢渔舍，更泊前湾上酒家。

去去不知归路远，棹声烟里独呕哑。

此诗正好反映了唐末"酒禁"缓解之后，戎州境内"酒家"兴盛的实况。诗中描述的自然环境，也与当时南溪县城所在的今李庄北岸涪溪口景色惊人地相似。

20世纪60年代，出土于宜宾县蕨溪宣化坝唐代宜宾县城城址的茶褐色半釉陶杯，高6厘米，口径10厘米，其容量比后世酒杯大4~5倍。这似可证，唐代戎州之酒仍不是蒸馏酒。但相比汉代宜宾所用酒具而言，唐酒杯则较小。此可表明，唐代戎州所产酒的酒精含量似已有了明显提高。

宋代酿酒与酒文化

一、酿酒业的空前发展

宋代是宜宾酿酒业空前发展的时期。这一时期不仅酿酒规模已比汉、唐扩大，而且名酒品类增多，采用了多种粮食作为酿酒原料。当时，戎州州治和政和四年（1114 年）改称的叙州州治，以及僰道县治及与州同时改称的宜宾县治，均先后设在今宜宾市城区岷江北岸旧州坝，即今五粮液集团公司总部附近。而这一地带，则又是宋代迁治登高山城之前的 302 年间（965～1267 年）川南知名的酿酒中心之一。

客观上，有四类原因利于当时酒业发展：一是宋王朝取缔了五代时的严厉"酒禁"，实行较宽松的"酒法"。五代后汉时规定"犯私曲者并弃市"，后周规定"至 5 斤者死"。宋取代后周立国后，于建隆二年（961 年）三月"以周法太峻"，下令减等。至乾德四年（966 年），再次规定"凡至城郭 50 斤以上，乡间百斤以上，私酒入禁地二石、三石以上，至有官署处四石、五石以上者，乃死"。因而"法益轻而犯者鲜矣"。二是宋代（尤其是南宋时），农业生产进一步发展，尤以水稻产量猛增，人均粮食已达 661.5 千克，比唐代前期增 33.5 千克，比唐代后期增 102 千克。元军大举入川之前，宜宾未见大的战祸，粮食自亦丰足。三是宋代实行了"诸州城内皆置务酿酒，县、镇、乡、闾或许民酿而定其岁课，若有遗利，所在多请官酤。三京官造曲，使民纳直以取"的"榷酤之法"，在设置酒官的同时，公开容许民间酿酒。四是宋初以来沿袭唐代举措，对少数民族实行羁縻政策，开放边境贸易。当时戎州"夷夏杂居，风俗各异"，"城之内外，僰夷葛僚又动以万计和汉人杂处"。少数民族前来戎州贩卖木、马等物而买回盐、茶、布等，酒类更是重要贸易物资。于是，戎州内外酿酒业因此而空前发展。

宋时宜宾酿酒业发展主要有下列标志。

1.酿酒者多，酿酒量大。除"郡酿"之外，一批名酒如王公权家的"荔枝绿"、姚君玉家的"安乐""春泉""玉醴""雪曲"均为私酿。当时，戎州被作为"军事州"，"勾连二江，抚有蛮僚"。南宋时，叙州又列为"上州"，辖有宜宾、南溪、宣化、庆符等县及羁縻州 30 个，"扼控石门、马湖诸蛮，号为重地"。据 20 世纪 80 年代文物普查测算，叙州城址面积为 32 万平方米，常住人口接近万人，其需酒量显然亦大。黄庭坚于此所见便是"街头酒贱民声乐，寻常行处寻欢适""醉看檐雨森银竹"。可以想象，当时戎州酿酒业的发达。据说，宋熙宁年间（1666～1077 年），戎州酿酒量已达 522500 斗。

五粮液科研所场景

2.酿酒品质的提高：当时各州所置酒务酿酒，规定："凡官酿，麦一斗为曲六斤四两"，以确保粮食充分糖化发酵。南宋建炎三年（1129年）总领四川财赋的赵开大变酒法，"自成都始，先罢公帑卖供给酒，即旧扑卖坊场所置隔酿，设官主之。民以未入官自酿，斛输钱三十，头子钱二十二。明年，遍下其法于四路……凡官槽四百所，私店不预焉，于是东南之酒额亦日增矣"。这种"隔槽法"近世研究者认为，即是今四川浓香型地穴式窖池大面积推广的实例，并分析自此始制蒸馏酒。此

宋代酒器

法既遍下川峡四路，叙州亦必推行。北宋时，黄庭坚言："老夫止酒十五年矣。到戎州，恐为瘴疠所侵，故晨举一杯。""老夫手风，须此神药。"均可见此酒品质非同一般。南宋时，范成大过叙州亦云："我来但醉春碧酒。"宋时，戎州、叙州酒质的提高，从黄、范所言即见一斑。

3.酒类增多，酒品分等。宋代，各地所产酒已有"小酒""大酒"之分，因价格不一，等级多达49等。《宋史·食货志》记："自春至秋，酿成即鬻，谓之'小酒'。其价自五钱至三十钱，有二十六等；腊酿蒸鬻，候夏而出，谓之'大酒'。自八钱至四十八钱，有二十三等。"黄庭坚在戎州所作《醉落魄》中云："谁门可款新篘熟？安乐、春泉、玉醴、荔枝绿（亲贤宅四名酒）。"其诗注，也如实记述了当时酒类之多。

4.采用多种粮食酿酒，并视当地自然环境条件而定"曲法""酒式"。提出"凡醴用稑、糯、粟、黍、麦等及曲法，酒式皆以水土所宜"。规定"诸州官酿所费谷麦，准常入来以给，不得用仓储。"强调在市场收购粮食做酿酒原料。黄庭坚《荔枝绿颂》中有言"王墙东之美酒，得妙用于三物"。或认为此即是宋时戎州用多种粮食酿酒的证明。至于当时"曲法"和"酒式"，因资料缺佚，暂无从探究。当时"官酿"所在地为今旧州坝，虽经宋末元军毁城，但其地下或许还残留遗物一二，此有待今后进一步考证。

宋代酒具也更为精致。从市境已出土的宋代墓葬文物看，酒具的造型、质料已比之前精美，这是酿酒业发展的必然结果。1981年10月，长宁县梅白乡矾石滩宋岩墓出土的半釉陶执壶，壶留平口，高执。其胸径约13厘米，通高18厘米。小巧精致，尤适合个人自斟自饮。同时出土的另两种酒具，造型又大异于此执壶。一件是泥质黄陶壶，小颈，敞口，高执，短流，通高达22厘米。另一件是瓷执壶，长颈，敞口，高执，平口长流，特殊的是"腹成瓜菱形"。这更体现了美酒配美器的审美倾向。另如，宜宾县蕨溪宣化坝唐义宾县古城遗址出土的宋云雷纹琮式陶瓶，方腹，细直颈，卷足，通身施云雷纹。似也进一步反映出"美器"的要求，展现出当时此地酿酒业发展后，酒品增多，酒器美不胜收的状况。

二、荔枝绿、姚子雪曲与春碧

荔枝绿，宋代知名度极高的优质酒。酿于戎州人王公权家。诗人黄庭坚本已"止酒十五年矣"，饮此酒而有"倾家以继酌"之意。但畏于病酒，面对此酒因不能多饮而痛惜。黄在贬谪适戎州不久，即元符元年（1098年）秋写了《荔枝绿颂》一诗，深情赞美此酒：

> 王墙东之美酒，得妙用于六物。
> 三危露以为味，荔枝绿以为色。
> 哀白头而投裔，每倾家以继酌。
> 忘魑魅之蹀躞，见醉乡之城郭。
> 扬大夫之拓落，陶征君之寂寞。
> 惜此事之殊时，常生尘于樽勺。

同是元符元年秋，黄庭坚又写了《醉落魄》词二首，以呈好友吴元祥、黄中行。其第二首中再次提到荔枝绿：

陶陶兀兀，人生无累何由得，杯中三万六千日。闷损旁观，自我解落魄。

扶头不起还颓玉，日高春睡平生足。谁门可款新篘熟？安乐春泉，玉醴荔枝绿。

（黄自注：亲贤宅四名酒）

继此之后，宋元符三年（1100年）6月，黄庭坚贬置宜宾正好两年。宋徽宗即位，黄庭坚贬谪之后得以调任宣德郎监鄂州在城盐税，他离开戎州时，对荔枝绿深情难忘，因而第三次挥毫写七律一首以抒胸臆。此诗标题高度评价了戎州特产的两个"第一"：

廖致平送绿荔枝为戎州第一

王公权荔枝绿酒亦为戎州第一

王公权家荔枝绿，廖致平家绿荔枝。

试倾一杯重碧色，快剥千颗轻红肌。

酿酴葡萄未足数，堆盘马乳不同时。

谁能品此胜绝味，唯有老杜东楼诗。

被诗人前后两年写颂、写词又写诗称赞的名酒——荔枝绿，究竟有何特色？从诗人的颂扬之语中，可知其特异之处有三：一是"色"，即"重碧色"或"荔枝绿以为色"；二是"味"，所谓"三危露以为味"，仿佛是仙境的琼浆玉液，远胜唐人赞颂的"葡萄美酒"的"胜绝味"；三是其酒质在乙醇含量上似比别的酒高，以致喝了之后，"扶头不起还颓玉，日高春睡早生足"，"忘魑魅之蹲触，见醉乡之城郭"，饮者已神魂颠倒矣。

姚子雪曲，又名"安乐泉"酒，是宋代诗人黄庭坚命名的又一优质酒。此酒特色有：一是酒度颇高，能治"手风"，饮之使人"眼花"；二是用名泉酿成；三是纯为私家（姚君玉）所酿；四是"诸味谐调"，清、厚、甘、辛而酒体不薄、不浊，不哕、不蛰；五是饮时热水暖之，香更馥郁。元符元年（1098年）冬，黄庭坚写《安乐泉颂》并作自注赞此名酒：

安乐泉颂

锁江安乐泉为僰道第一，姚君玉取以酿酒，甚清而可口，饮之令人安乐，

故余兼二义名之曰"安乐泉"，并为作颂。

姚子雪曲，杯色争玉。

得汤郁郁，白云生谷。

清而不薄，厚而不浊。

甘而不哕，辛而不蛰。

老夫手风，须此神药。

眼花作颂，颠倒淡墨。

春碧，南宋诗人范成大盛赞而为之命名的叙州又一名酒。据范成大所记，此酒即唐代宜宾官酿的重碧春酒。南宋孝宗淳熙四年（1177年），范成大由四川制置使升任参知政事，由成都东下，七月初过叙州，先后写诗四首，述及今宜宾市境风光及当时民情。其中，《七夕至叙州登锁江亭》一诗，盛赞了宜宾名酒，并先后三次自注，述及自己写诗、命酒名等因：

七夕至叙州登锁江亭

山谷谪居时屡登此亭，有诗四篇，敬用其韵。

水口故城丘垅平，新亭乃有絙铁横。

归艎击汰若飞渡，一雨彻明秋涨生。

东楼锁江两重客，笔墨当代俱诗鸣。

我来但醉春碧酒，星桥脉脉向三更。

《宜宾旧县志》记载的黄庭坚所赋《荔枝绿颂》

对于此诗，范成大在《石湖集》里另自注两次分别是：

旧戎州在对江山趾，下临马湖蛮江路，蛮自江出，必过城下，故置锁以为限。

今迁城过江，已失形胜，而犹于亭下锁江，特以拦税而已。非本旨也。

郡酝旧名重碧，取杜子美《东楼》诗重碧拈春酒之句。余更其名春碧，语意更胜。

当时，范成大由总管川陕四路军务的高位升任参知政事（"宰相"之副），跨躇自得，羡叙州酒美而神往，乃欣然自命酒名，其钟情至深，溢于言表。

三、酒文化的新建树

宋代，宜宾不仅呈现出酿酒业的空前发展，涌现出相互争辉的众多名酒，尤其值得一提的是酒文化的新建树。在诗人黄庭坚与本地人廖致平等的共同襄赞下，"把当时的酒德酒风，引导到一个'诗、礼、雅'的高度"。此中突出者，有三点可以称道：

1. 曲池流觞，高雅酬唱。古士大夫者流，好为歌楼曲院之饮，至少也要"坐从歌妓密，乐任主人为"。在饮酒席间，追求庸俗低级的感官享受。而宋时宜宾因黄庭坚等倡导，利用当时戎州城外任运堂附近天然形成的雄奇岩壑，效晋人曲水流觞之趣，凿建九曲池于谷底（至明代，方有人称曰"流杯池"），并题"南极老人无量寿佛"8个大字于石壁上，以示此为高雅胜境。同时，不要求"坐间罗绮""席上笙簧"，而是要求赴会者来此流觞赋诗。这就一改颓风，别开意境，树立起新的酒风和诗风。由宋迄今，历代文人对此题咏不少，此处胜景已刻石者，宋13幅、元4幅、明11幅、清8幅、现代25幅。其中，最早者为宋淳熙戊申年（1188年）。1973年，此地辟建为流杯池公园。1980 年 7 月，经四川省人民政府公布为省级文物保护单位。由此，流杯池不仅是宜宾酒文化胜迹，还是国家历史文化名城宜宾的重要人文景点。

2. 锁水抒怀，诗人高致。宜宾城岷江北岸有锁江石，上有宋人题刻"锁江"二字。锁江，或称锁水。宋代诗人黄庭坚、范成大、陆游皆游其地而咏诗。黄庭坚两次共写七律四首，皆作于元符三年（1100 年）夏，虽是饮酒赋诗，却无古文人借酒伤怀、消极厌世流习。诗人赞扬的是"寒士守节""不与俗物同条生""胸中不使俗尘生"，使"锁江致酒"成为倡导追求正直人生的一次雅聚。此种酒风，实为宜宾酒文化的又一新建树。

3. 酒为题材，诗吟现实。宋代，既是宜宾酿酒业空前发展时期，又是宜宾诗文勃兴的一个时代。黄庭坚山谷流寓此间，实卓有贡献，功不可没。正如明人所云："州（指戎州）以涪翁，重诗书礼义之泽渐渍至今。"而黄庭坚以酒为题材所写诗词，对宜宾酒文化的发展发挥了导向作用。据统计，黄庭坚寓居宜宾两年又七个月，先后共写诗 53 篇、词 18 篇，其中咏酒者多达 18 首。本已"止酒十五年"的黄庭坚，到宜宾后又寄情于酒，这是宜宾酒美的最好证明。

也许正是宜宾美酒给诗人带来了更多的灵感，黄庭坚在戎州的创作被后世大加赞誉。元代王构《修辞鉴衡》认为："黄鲁直自黔南归，诗变前体。"黄子耕在《豫章先生传赞》中赞曰："山谷自黔州以后，句法尤高，笔势放纵，实天下之奇作，自宋以来一人而已。"其在宜宾咏酒诸作中，存理有识的诗增多，反映现实之作亦多，诗的格调显得更加高古。他写酒，但更从"酒"中展现了戎州山川之秀丽、物产之富饶、百姓之勤朴诚实。黄庭坚"格调高古，说理表识，拗折奇崛的诗风，影响了戎州诗人，推动了戎州诗作的发展，形成了'庭坚体'一个流派"。宜宾人中，如明代尹伸《牛口发舟泊真溪聊述所历》、清代李九霞的《登合江楼用壁上韵》、冯应榴的《游流杯池》、樊肇新的《偕友人游师来山得探古洞》、张启辰的《谒山谷祠》、赵树吉的《苦笋》、邱晋成的《南寺诗》等，或咏酒而寓意深远，或言物而格调古朴，受黄庭坚影响非常明显。这无疑是以黄庭坚为代表的宋代诗人所建树的酒文化新风格留给宜宾的遗惠。

五粮液红庙子车间

从先秦历汉、唐而宋，宜宾的酿酒业发展及酒文化影响，无疑对后世酒业起着熏陶作用，由此而形成的许多优良传统为逐代承传延续，也就有力地推动了后世酿酒业的发展。

明代"杂粮酒"

明代，宜宾社会经济较宋、元又有新的发展。明王朝于洪武四年（1371年）占领宜宾后，洪武六年（1373年）6月下令修筑石城，奠定了今宜宾旧城区规模。同时，设叙州府府署于城东，其后管领一州九县，辖地广达今四川隆昌、富顺（含自流井区），以及今宜宾市境内除屏山、江安二县之外的8区县属境。并于城中设叙南卫，领兵5600余人，负责川南几个州府的防务。又设立了河泊所、税课司、博济仓、演武厅等机构，在城区和近郊先后建成4座书院，城中心建了谯楼（大观楼前身），一度修建了申王府。宜宾实已成为川滇黔结合部区域的政治、军事、经济、文化中心。

由于明初推行"劝农桑""敦本业"政策，因而"洪（洪武）、永（永乐）、熙（洪熙）、宣（宣德）之际，百姓充实，府藏衍溢""上下交足，军民胥裕"。叙州府境也很快恢复发展了农业生产，至明季中叶，府属人口约达20万人。其中，宜宾县之越溪流域一带"溪之居民不下十万口"。"无遗穗，无弃薪，无不耕之土。牛羊成群，鸡犬相接。五里十里，日中为市"，生产发展，人丁兴旺，集市繁荣，可见一斑。旧《叙州府志》《宜宾县志》并记，明时物产谷类已有"稻、菽、大麦、小麦、豌豆、蚕豆、荞麦、稷、粟"等。明中叶后，玉米在此地广泛种植，故清初《宜宾县志》另记有"玉烛黍"注曰"俗名包谷"。多种粮食的种植，加上当时人均粮食占有量比宋、元两代又分别增加116千克和101千克，为宜宾杂粮酒酿造提供了物质基础。

宜宾用多种粮食酿酒，至迟起于宋代。但明代宜宾酿酒又呈现新的特色，即用多种粮食混合酿酒。酿酒的重点地域又复转到今宜宾城区岷江南岸旧城东、北部。宋代，州、县均设置在岷江北岸旧州坝，宋初实行的"诸州城内皆置务酿酒"，南宋时总领四川财赋的主管赵开实行"隔槽法"均在其地。元初复迁州、县治于三江口今城区旧城后，酿酒重点地带又恢复到唐前期所在的城区岷江南岸旧城东北，即其后的五粮液创制之地。

此时，已出现专业的酿酒作坊。可确考者，一为城东鼓楼街"尹长发升大曲烧房"，号称拥有"成化窖五口"；一为今走马街（叶）"德盛福"，自称有"弘治窖四口"。另有说北门外原"温德丰"酒坊部分酒窖亦建于明代。

明代，宜宾旧城区酿酒已开始使用地穴式窖池。除尹长发升成化窖及叶德盛弘治窖外，经鉴定并公布为省级文物保护单位的有明初老窖池二口、明代老窖池三口。

明代仍继续生产宋代"荔枝绿"这一传统名酒，直到清光绪《叙州府志·物产》仍在"饮食类"之下列有荔枝绿酒。可见，从宋至清多种粮食酿酒在宜宾市延续不辍。

明代，除宜宾城区用多种粮食酿酒之外，宜宾市属南部兴文、珙县、筠连一带的苗族同胞和西部屏山县境的彝族同胞已用多种粮食混合酿造自饮之"杂粑酒"。

20世纪60年代初生产车间

多种粮食混合酿酒，可发挥不同粮食特有的作用，产生不同的滋味，即"高粱酒清香味正，糯米酒醇甜味浓，饭米酒醇和甘香，玉米酒略含冲香，荞子酒稍带苦涩"。因而杂粮酒融合了各味，使饮者得到丰富的味觉感受。再加上原料配方的优化处理和精心的勾兑，即可"各味协调"，成为人间佳酿。

杂粑酒，又称杂酒、咂酒。李时珍《本草纲目》中记载："秦蜀有咂嘛酒，用稻麦、黍秫、药曲小罂封酿而成，以筒吸饮。"即指此。此种酒又称勾藤酒。早在唐代白居易任忠州刺史时所作《郡中春宴诗》中已有记述，"薰草铺坐席，藤枝注酒樽。蛮鼓声坎坎，巴女舞蹲蹲"。

宜宾市境南部、西部自古为彝、苗与"马湖、石门、南广诸蛮"居地。明代，兴文九丝山一带都掌人所居之处。"其地沃腴，黍稷马牛畜产视内地倍十之三一。有武断豪寇者，出则鸣钲击鼓，椎牛骊酒，招致千百人为高会"。可以得知，当时兴文一带少数民族用多种粮食混合酿制之酒，且"千百人为高会"，开怀畅饮的情况。

元末明初和明中叶后移居兴文、珙县、筠连之苗胞，也习以玉米、小麦、荞子等混合酿制"杂酒"。今兴文等地少数民族同胞也一直保存饮"咂酒"习俗。清光绪《叙州府志·纪事》记府境"夷人"生活习俗"燕会撒松毛铺地""泡咂酒饮之"，与白居易、李时珍所记基本一致。可见，宜宾市境杂粮酒源远流长，至迟明代已普遍。

新修《兴文县志·续编》采录有苗族流传之"苗家古风情曲12首"，其中5首记有苗胞饮酒习俗，反映了部分明代保存至今的礼俗。其中，第七首即专记"吃咂酒"，与古代不同的是，不再用藤枝而是以小管插于罐内饮之，而且是轮流各"咂"一口。其曲云：

> 堂屋聚亲友，人们环四周。
> 中央火堆上，池锅肉冒油。
> 酒罐插小管，轮流咂一口。
> 宛转起歌喉，芦笙吹悠悠。

《蜀中名胜记》中也有苗民吃咂酒，挤撞跳跃，独特舞姿，格调优美的记述。

宜宾市境苗胞、彝胞用玉米、小麦、荞子、糯米混合酿酒之习也保留至今。

宜宾存留的明代文人诗、文也记述了"用酒"状况。从现存明代宜宾本地人及为官、流寓、过境的外地人所写诗文者观之，诗22家41首，文17家27篇，言"酒"者10余处。显著特点之一，是用酒地点已不仅限于江北流杯池、锁江亭，而是遍及域中各地，如观音阁（一说在今冠英街，一说在北门外原半边寺）、真武山、玄祖殿、江门"溪山一览楼"和城郊南广之"鱼跃亭"（旧宜宾"八景"之一"黑水鱼跃"）、远郊的越溪河畔等地。用酒的广泛和普遍程度比宋代提高，是酿酒者、售酒者增多的旁证。

明正德十二年（1516年）冬，时任刑部左侍郎兼都御使的广西宾阳人刘南峰，以钦差大臣督办采运名义来宜

宾，在流杯池涪翁洞参加宴会。会上，刘举酒豪饮并咏诗："地因名士留奇观，天为游人放晚晴。"其洋洋自得之慨，展现了得饮宜宾美酒之后的畅快心情，也反映了明代宜宾酒的质量又比过去有了提高。

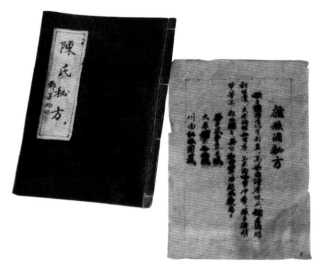

陈氏秘方

清代"陕帮"与"陈氏秘方"

一、清代社会经济与宜宾酿酒业发展

明末清初，四川宜宾曾发生严重战乱。从明崇祯七年（1634年）到清康熙二十年（1681年）的47年间，由于战事频繁时局动荡，造成生产荒芜，人口大减。至康熙二十五年（1686年），面积广达3800平方千米的宜宾县仅"编户二里，299户，约1000余人"。当时的宜宾城西街、南街一片草茅，小北街多为茅屋，"翠屏、真武二山皆丛林，虎豹出而噬人"，四五十人一路结伴，方敢出城，或下河挑水。

清王朝为恢复四川经济，实行了"移民实川"和"滋生人丁，永不加赋"政策，于是湖广、粤、闽等省大量移民入川"插占土地"。这就有力地促进了农业生产和社会经济的发展。至康熙六十一年（1722年），叙州府已增至49874户，约249000余人。至嘉庆十一年（1806年）又上升到67950户，总人口424215人。以宜宾县为例，康熙二十五年（1686年）的299户至嘉庆十六年时已增为38365户，142686人。前后125年间，户数增加近129倍，人口净增97倍多。以土地而言，雍正六年（1728年）宜宾县上、中、下田地共约420158亩，清末增至1320800亩，增加近90万亩。这就使得粮食产量大增，为酿酒业发展提供了充足原料。

清初，清王朝将酒视为有害之物，康、雍、乾隆前期的130多年间，规定对烤酒、贩酒者严厉法办，实行了禁酒政策。但从乾隆二年（1737年）起，开始实行了"因地制宜，实力奉行"的缓解方式，禁酒政策已名存实亡。由于四川粮食的不断增产和稳产，人民提高生活质量的要求日益增高，加上清王朝驻四川的官吏借机收取"规费"，

这就使酒类生产得到发展。至咸丰五年（1856年）十二月，开始征收盐厘，继又征百货厘金，酒亦正式开征厘金，承认酿造合法，四川和宜宾便完全明令解除了"酒禁"。

宜宾酒业的发展也与上述情况类似。清初仅有明代老作坊东门尹长发升、北门温德丰、西门叶德盛（德盛福）等数家，共有酒窖12口。当时，主要生产土酒，也生产部分曲酒。在解除酒禁后的同治初年（1863年），曲酒窖一下便发展到30多口。至光绪年间（1875～1908年）再增至60余口，比清初上升了4倍，且曲酒产量也开始大增。

从宜宾部分文人的诗作，也可看到清初禁酒及乾隆朝时禁政逐渐废弛的状况。现存48家128首清代住宜宾之人诗作，乾隆朝之前基本不咏酒，或实已饮酒而不以"酒"入诗。如四川巡抚张德地、永宁分巡道参议张松龄、康熙时刑部尚书王士祯、叙州知府何源浚、宜宾知县平廷鼎等21家30首诗作便是如此。但从乾隆朝始，这一"习惯"大改，风气为之一变，诗中咏酒成了常事。叙州学使黄琮《流杯池》有"一盏酬醽醁"，进士张问陶《腊八过叙州》有"船窗自击泥头酒"，南溪知县翁注霖《南广杂咏》有"几家斟酒双双对"，宜宾知县查淳《陪冯学使临流杯池》有"觞咏慰行役"，成都教谕、宜宾人杨端《泛舟游白塔寺》有"更向河亭问酒家"，乾隆时四川学政吴省钦《登郁姑台》有"醉扶筇杖独徘徊"。这些事例反映出清中叶酒禁缓解后，宜宾酒业复苏景况。

邓子均雕像

清代宜宾酒业发展中，有几个特点引人注目。

一是民间礼俗用酒日益增多，家酿用糯米较普遍，这对改善杂粮酒的原料组成和提高质量发挥着不可忽视的作用。由于清初大量"移民填川"，带来了包括吴、楚、闽、粤及湘、鄂和西北秦、晋等地习俗。除婚、嫁、寿、丧等"红白喜事"和每年的岁时节庆例必用酒外，举凡兴工、开业、送往迎来，贺升迁、祝中举之类，亦必酒宴待客。宜宾人甚至把婚嫁称为"办酒"，把送礼叫"抬酒"。而一到重阳，则几乎家家户户必用糯米酿制"醪糟""常酒"。

二是清代场镇发展较快，出现了许多新的集市，为人们的饮酒消费提供了更为广阔的空间，使酿酒作坊空前增多。清中叶后，人口增加，农民生活相对安定，因而纷纷由地方豪绅巨商倡首兴建集镇。《清史研究集》第3辑所载，宜宾市所属10区县范围内，清嘉庆时，除筠连、兴文两县外，已有188场，每场平均人口多的6664人，最少也有388人。到了光绪年间，除珙县、江安两县外，已增为199场（若加上珙、江两县，场数则为246场），场均人口多的有7441人，少的也有1801人。以宜宾县为例，嘉庆时共52场，场均人口2692人，而光绪时已增为62场，场均人口增至6163人。这些集镇多为方便交易而设。正如清乾隆五十五年（1790年）和嘉庆时，曾两任南溪县知县的福建莆田进士翁注霖在《南广杂咏》之八中所云："赶场百货压街檐，北集南墟名号添。且喜局钱通已遍，不需携米掉煤盐。"可见，场集大大有利于农村物资交换。而"赶场"既是农民定期的农产品交易活动（一般每十天三场，少则两场），也是农民上街略作休闲的"假日"。场上的茶馆、酒店成为其必然光顾之地。成年男性例必入店饮酒，有的甚至尽醉而归，这就刺激了酿酒业规模的扩大。因而，从清中叶起，各集镇至少有一两家槽房经营酿酒和售酒，更多的小酒店或饭馆兼营的酒店也就如雨后春笋纷纷涌现。饮零沽酒"寡二两"（即不配佐酒菜）也成了众多农民的一种嗜好，不少人甚至把"赶场回家带醉归"当成了享受。在这种社会背景之下，集镇的酿酒作坊成了必不可少的工商业经营项目。

三是各省移民入川到宜宾，既带来了一些先进的农业生产经验和优良农作物品种，以及经商、匠作等知识，同时也将外省的制曲、酿酒方法传播到了此地。清初外省"填川"者中，到宜宾者多湖南、湖北、广东、福建人，另江西、江苏、云南、贵州、山西、陕西、广西、浙江人也不少。其中，尤以陕西人中经营手工业及商业者在叙府各县县城集镇所形成的"陕帮"修建的会馆"关帝庙""关王庙""陕西馆"，对酿酒业发展及杂粮酒的改进和完善所起作用较大。

二、"陕帮"与宜宾酿酒业

清初，外省移民入宜宾后，多各自发挥自己之长，除在农村从事农业生产者外，有实力者多集中于县城经营手工业和商业，以及城市其他物业。两湖移民多经营水运、百货，"江西帮"多从事瓷器、棉纱贩运，"云南帮"则从事山货、药材、烟土运销，江浙人多设店经营"苏货""匹头"，"陕西帮"则主要在宜宾经营典当、酿酒。陕西帮，简称"陕帮"。宜宾人习惯对陕西人称"老陕"，往往含有看重陕西人精明能干之意。相传，陕西人来宜宾多在康熙后期至雍正初年（1710～1725年）。其所建会馆，又名关帝庙。在宜宾城区者为长发街紧靠岷江边的会馆，清嘉庆《宜宾县志·祠庙》记载"治北，临大江"，宜宾人习称之陕西馆。其地后改建为粮库、粮站，在岷江公路一桥南岸引桥下方。

"陕帮"在清康熙后期曾于四川与部分山西人合伙经营票号、典当，投资开凿盐井、酿酒等业务。清代，四川和宜宾曾流传有这样一首民谣：

皇帝开当铺，老陕坐柜台。

盐井陕帮开，曲酒陕西来。

民谣如实反映了"陕帮"在四川、宜宾发展势力与清初大臣年羹尧有关。据《清史稿》记载，年羹尧籍隶陕西，汉军镶黄旗人。康熙三十九年（1700年）进士，后曾任四川巡抚。康熙六十年（1721年），位至抚远大将军兼川陕总督。"凭借权势，无复顾忌"，曾在所筹协饷银中挪出部分在四川开设典当、曲酒作坊和开凿盐井，以安

五粮液原料之——川南红粱

近代酿酒工具

置其亲友故旧。于是乃有上述民谣流传。"陕帮"或也是于这一时期涌进了宜宾。

"陕帮"首先在宜宾城开设当铺，此是旧时宜宾最早的"四大当"：一在东门（今复兴街），当时叫"东当巷"；一在南门（今邮电局宿舍，原仁义巷），当时叫"南当巷"；一在西门（今西城角），当时叫"西当巷"；一在北城（今正气巷），当时叫"北当巷"。宜宾城的当铺即起源于此。

"陕帮"在宜宾的主要建树当是开设槽坊酿酒。陕西素为中国著名名酒产区之一。自古西安先后为十一朝古都（一说为十六朝古都，又说为十三朝古都），又是丝绸之路起点，历来出产好酒，累见诸古代诗文名篇。"陕帮"利用此优势，来宜宾经营酒业。其目的虽在于谋取更大利益，扩大业务，但实际上也由此促进了宜宾当时酿酒业的发展。

"陕帮"酒商接触到宜宾民间用多种粮食混合酿酒，尤喜以糯米酿酒的酿酒工艺。雍正初曾于宜宾将高粱加上其他几种粮食混合酿酒，几经试验，发现酿出之酒的确比单纯以一种粮食所酿之酒味优。这与宜宾自明代以来所酿杂粮酒类同，但在工艺上、操作上却不可避免地渗入了陕西的一套酿酒方法，对提高宜宾杂粮酒质量起到了一定的作用。

三、陈三烤酒师与优质杂粮酒基本定型

陈三烤酒师，其祖籍为陕西，其名讳失传。宜宾酒业人士关于陈三烤酒师的回忆，最早资料之一是1959年7月12日由原宜宾利川永酒作坊老板、1949年后任宜宾专卖公司国营第二十四酒厂（五粮液酒厂前身）顾问邓子均的回忆。其原话是：

五粮液（杂粮酒）的配方是陈三烤酒师的祖人传下来的，他祖人是陕西人，到宜宾来经商，以后做曲酒，也做过杂粮酒。但恐用大米烤酒遭雷击，又有说用大米烤酒要绝后，因此没生产。但配方是一代一代地传下来。每代传秘方时，都是师傅在临死前选择一个忠实可靠的徒弟口传与他的。赵铭盛老烤酒说，传到陈三已有五代，每代都是些七八十岁的老头子，大概有几百年了。陈三烤酒（师）是清同治八年（1869年）传与赵烤酒的，他（指陈）是在那年死的。因我对赵烤酒照顾殷勤，他临死前，还与他制衣服、棺材等。他见我对他好，才把这个配方传与我的。

陈三烤酒师最大贡献是对宜宾生产优质杂粮酒做了努力探索，主要有三个方面功劳：

一是优质杂粮酒配方的下传。此处"配方"即口传的"陈氏秘方"，指几种优选的酿酒原料及搭配比例。原料是荞子、黍（黄米，非玉米）、饭米（即大米）、酒米（糯米）、高粱。比例是原口头流传，后经记录下来的三句顺口溜：

荞子成半黍半成，
大米糯米各两成，
川南红粱用四成。

此处所记配方，强调了多种粮食混酿，且提出了要注意不同的搭配比例，这为宜宾优质杂粮酒的酿制创立了一种基本的定型模式。至于其品种和比例的调整，则是因时、因地、因人而制宜，并非一成不变。

二是分清春夏秋冬四季，随气候增减粮食曲药。

三是坚守了将前代遗留的杂粮酒"秘方"口传给忠实可靠徒弟的传统。因而，使得赵铭盛又传给了邓子均，最终得以制成五粮液佳酿。

清代，宜宾城中已有长发升、张万和、叶德盛、温德丰等槽房生产曲酒，有长发升、温德丰生产杂粮酒。其实，但确切地提出以具体的几种原料、按不同比例搭配酿酒，现能查到的最早实行者应从陈三烤酒师祖辈开始。其时当在清康熙年间。

万和老窖"元曲"

万和老窖，即宜宾原张万和号，是清代、民国时期宜宾知名的曲酒酿造作坊而兼营酒类销售的商号。其具体创办时间尚未发现记载。至迟在清咸丰、同治年间已经名闻遐迩，并被称为"老窖"。可见，其开办时间至少不晚于清代中叶。另有说，其部分窖池系原"陕帮"所转让，则此作坊的最早开办时间有可能为清初康熙年间。

万和老窖酿酒作坊与窖池设于旧宜宾城北外草市上（民国初年已更名为拱星街）西侧，即今马家巷东浩街（清代和民国初年为城墙壕沟，后填沟修路成街），紧靠现为宜宾五粮液酒厂城区生产车间所在。附近另有宜宾钟三和、万利源长等曲酒作坊。

"元曲"属宜宾杂粮酒的一种。1949年后，万和老窖继续生产过元曲和五粮液。实行公私合营后，原万和老窖池已成为宜宾五粮液酒厂的生产车间，直到现在仍在继续生产。

长发升"御用酒"

在清代和民国时期，宜宾酿酒行业中生产规模最大、酒的销售数量最多，在川南及成、渝、滇西北一带影响巨大，且以生产优质杂粮酒和五粮液闻名远近者，当数宜宾城东的长发升号。

尹氏先人原居云南姚安（今云南省楚雄州西），约于明成化年间（1465～1487年），因任叙州府别驾，遂定居今宜宾城区。至第四代尹伸，于明万历戊戌年（1598年）中进士，后官至河南左布政使等职。清末，尹绍州为其第十三代孙，民国时期任宜宾县商会常务理事、四川商联会理事。中华人民共和国成立后，任宜宾县各界人民代表会议代表、驻会委员、县级宜宾市政协委员及宜宾大曲酒酿造工业联营社副总经理的尹伯民，为尹伸第十四世孙。

原长发升酒作坊在今宜宾城东鼓楼街32~34号，原名小鼓楼街32号。清代名叫叙府尹长发升大曲烧房，民国时期叫叙府尹长发升大曲作坊。民国时期的1930～1940年间，其主要建筑结构

1959～1963年五粮液酒厂办公地点

是"一楼一底，纵分三进，临街九间铺面，店堂占五间。一进是分上店堂（二间）、大店堂（三间），其余是账房、勾兑间、酒库。二进的左侧是堂屋和居室，右侧是16口明代老窖纵分三列排列，摊敞（坝）、酿酒的天锅、火堂也排列有序。三进是磨粉间、粮食、牛栏。临街门面楼上左侧是员工宿舍，右侧是仓库。二进楼上是曲药房。三进楼上是粮仓"。

长发升作坊的建筑布局，是清代、民国时期宜宾酿酒作坊"前店后坊""前店后宅""楼下店、楼上住"的具有代表性的典型建筑结构，对研究宜宾酒史和五粮液酿造史均有重要价值。

长发升号在民国初年曾请宜宾有名的酿酒业"总主烤"，即"陈氏秘方"传人赵铭盛师傅当"上手"（技师）。其后，赵之子赵范先、赵范先外甥贺福臣也先后于此作坊当过"上手"酿酒。民国时期，作坊勾兑师是马绍文、郑子衡。由于这些主烤师、勾兑师、酿酒工人的精心劳动，长发升的曲酒质量在宜宾历来被列为上乘。

民国时期，长发升号以"醉仙牌"作为商标，主要产品有提庄大曲、陈年提庄、曲泡等，也生产过"客酒""香花酒"。当时的包装有瓶装有1斤、半斤装，罐装有1斤、5斤、10斤装。批发则用"麻罈"有50斤至四五百斤不等的多种装运容量。

抗日战争前后，长发升印制的"醉仙牌"商标，其色泽以蓝绿为基调，上画乌纱绯袍仿李白人物造型的醉仙由两童搀扶醉归。左边小童以右手扶醉仙，用左手提灯照路；右边小童以左手扶醉仙，右手捏鼻，似觉醉仙之酒气熏人，形象生动。

1950年11月，成立宜宾大曲酒酿造工业联营社。当时，"曲联社"仅恢复生产的两个厂长发升和利川永，长发升为第一厂，其门市也是"曲联社"所属12个门市中的第一门市部。

长发升酿造的提庄曲酒、曲泡等在清代、民国时期已甚为知名，另为人们称许者则是"非卖品"的杂粮酒。长发升生产的杂粮酒，宜宾饮者又曾称之"杂巴酒"。尹氏先祖规定，此酒平时不准饮用，只有逢时过节才能适量饮用。饮用前先祭祖宗，饮用后要留一些馈赠至亲好友。酒库的钥匙只能由当家者一人掌管，其他任何人不许经手。

清末，长发升号已由尹绍洲做当家。因他正在北京上学读书，故曾由其弟尹继洲管理过一段时间，又由尹家亲戚代为经营。据说，尹绍洲喜自唱川剧《斩黄袍》，醉意浓时常哼唱："孤王酒醉桃花宫"，因此把"非卖品"的杂粮酒一度戏称为"御用酒"，以示其珍贵。辛亥革命后，尹绍洲认为"御用"二字不宜再用，叫此酒为杂粮酒。

清代、民国时期，长发升酿造的曲酒，先后远销成、渝及滇西北昭通、绥江等地。大量订购的是川南各县，尤以原叙南六县为多，是南六县人家待客的最上乘佳酿。

从20世纪20年代中起，长发升两代主人尹绍洲、尹伯民先后参加中国共产党，在宜宾创建党、团组织及开展初期革命斗争，做过重要贡献。抗日战争前后，还将长发升的资金抽出一部分支援中国共产党的地下斗争。原长发升的老窖现为五粮液酒厂501车间，生产班组至今仍在生产五粮液。

利川永的"尖庄"与"五粮液"

利川永是民国时期宜宾规模较大的知名酿酒和酒类销售商家，所生产的"提庄"、"尖庄"等曲酒远销省内外，是第一家以"五粮液"作商标的宜宾酿酒作坊。

利川永的前身叫温德丰，是清初温姓"填川"到宜宾插占地盘，然后经营的酿酒作坊。温德丰作坊开办于清代就有的几口明代老窖，有可能早在温氏插占地盘前，其地就已经开设过酿酒作坊。

邓子均，原籍南溪县仙临场附近胡家湾，清光绪二年（1876年）生于贫苦农家。幼年曾放牛、割草，仅读过短时私塾。14岁后，即靠挑石灰、煤炭等挣钱养家。22岁时到宜宾，由人介绍到东街大吉祥干鲜山货铺学徒。出师后，曾经营小本生意，积攒了几十两银子。为求有较大发展，于光绪三十四年（1908年），与北门外洞子口的黄吉昌合伙开办吉昌作坊，生产烧酒。在此期间，邓子均亲身参加酿酒劳动，积累了许多酿酒经验和技艺，初步掌握了作坊经营管理常识。在与蓝登三等人经营温德丰曲酒作坊之后，将其改名为利川永大曲作坊，并一直负责

20世纪30年代五粮液酒瓶　　　　　　　　　　　　　　20世纪40年代五粮液酒瓶

主持酿酒和酒销售经营管理业务。

　　邓子均首先设法为利川永打开销路，把温德丰原滞销三年之久的曲酒和烧酒，经勾兑、陈酿等处理提高其酒质，很快推销一空。同时，在原仅产一般大曲酒的基础上，将曲酒与高粱白酒勾兑为"曲泡"，并在大曲酒中分段摘取"提庄"。由于花色品种增多，利川永获利颇丰。温德丰立约过户给利川永时，蓝、邓、萧三人以"多福堂"名义立了新契。不久，萧介凡退出利川永，后蓝登三也以年老多病为词，退出利川永，利川永遂 成为邓子均一家拥有的作坊。邓为了放手经营，与黄寿泉等合资在象鼻场附近开办了宝珠、大同等煤厂，以解决作坊用煤原料。又与曹九龄等人在宜宾城中合办禾丰米厂，以提供谷壳等酿酒所需的辅助材料。并在南溪设庄，采购高粱和曲药所需小麦之类，以求降低成本。

　　在酒的花色品种方面，原仅生产大曲酒、烧酒和药用烧酒3种。后增加了曲泡和提庄。为了再创品牌，利川永又在此基础上增加了新品"尖庄"，这是为了在同业间加强竞争，在曲泡、提庄及一般曲酒之外再创的"第四曲酒"。据说"尖"字来源于米，旧时宜宾人称主粮高级米为"尖子米"。顾名思义，就把"尖"字套在酒名上了，自然质量也有所改进，把曲酒断头去尾，取其中部。此酒成分高、入口香、浓度好，口味正常且有余香。售价高于一般白酒5倍，颇获好评而供不应求。"每百斤批发价在1937年时，比长发升的曲酒批发约多卖4元"。

　　利川永素来注重营销，听说大小凉山彝、藏等少数民族同胞喜欢喝酒，便有意向乐山方向发展。起初是带酒给人尝，后找到嘉定（今乐山）利丰隆号代销，该号本钱雄厚，利川永保证货真价实，利丰隆便一律包进包销。其后，又有福昌公、泗泉涌、天佑昌等，以及雅安的"炯成"纷纷为利川永代销。利川永的曲酒遂畅销于犍为、乐山、夹江、洪雅、雅安一带。其间，宜宾城东街利生祥布店设在上海的总店，曾通过上海利川东货栈，把50担（约6000斤）利川永生产的提庄大曲运往美国檀香山等地销售。因获利颇丰，货栈特送来一块约长4尺、宽1.4尺的横匾。该匾以五彩碎玻璃为底，用彩色玻璃菱形小块围成四个圆圈，圈中四个金色字"名震全球"。上款为"叙府利川永宝号惠存"，下款为"上海利川东号敬赠"。

　　利川永和邓子均对发展宜宾杂粮酒的最大贡献，主要是继承了"陕帮"酿造杂粮酒所形成的"陈氏秘方"的经验，

饮心窍灵三饮步履健四饮寿年
增五饮多朋友六饮和气生七饮
去烦恼八饮添悟性久久饮不去
大道自然通昔有诗人李太白诗
仙法仙天下闻仗剑举杯将进
酒千古传颂铸酒魂永无五花
马我无干金裘褝胡诗洒兴

李白诗酒图

在此基础上不断试制，终于酿成了由"五粮液"商标销售的五粮液。

利川永为了与同业竞争，开办之初即四处雇请技术工人，注意妥善安置，用其所长。作坊主邓子均对当时宜宾城各酿酒作坊总技师赵铭盛十分敬重，关心备至。赵病了，邓亲自去床前侍奉汤药，不离左右。赵到了晚年，邓又为其购置棺木、寿衣。赵铭盛深受感动，于是将自己的烤酒技术和所掌握的酿造优质杂粮酒之"陈氏秘方"传授给邓，并嘱其儿子（后为宜宾十家大曲作坊总主烤师）赵范先以后要多照顾利川永。邓子均早在读私塾时念《三字经》时，听老师讲"稻、粮、菽、麦、黍、稷"都是粮食，有淀粉，都可用来酿酒。得秘方后，当即开始用小窖试酿杂粮酒。

邓子均与宜宾城中各家作坊老板不同，他不仅从事经营管理而且亲身参与酿酒劳动。他对利川永原有的 11 口窖的情况了如指掌，知道各自所具有的燥、温、疲等不同性状，能根据气候变化调整配料比例和用曲药的分量。因而，很快就掌握了酿造优质杂粮酒的一整套工艺。邓子均在宜宾盐业运销商会主席姜柏年的资助下进行大窖试制，他将最初的 9 种粮食（高粱、酒谷、饭谷、荞子、玉米、粟子、黄豆、绿豆、胡豆）逐步去掉含油、含碱的"三豆"和粟子，优选了高粱、玉米、荞子、酒谷、饭谷 5 种粮食混合酿造杂粮酒。"第一次烤出的酒，味浓、香冽，但尾味带涩，认为荞子多了。复经二次烤作，结果涩味全无，但酒性带燥，又认为玉米多了"。再经研究，决定三度重烤。"未烤之前，曾请名医孙我山根据医药配方的加减原理，结合四时气候以及曲药定量多少等因素，提出改进意见，然后进行第三次试验，结果涩燥全无，香浓味正。

利川永优质杂粮酒酿制成功后，不久即被命名为五粮液，于 1932 年正式印制了"五粮液"商标。原仅有窖池 11 口，此时已扩大为 13 口。1944 年起，邓子均将利川永产业顶与同业钟焕然（钟三和号经理）经营。至 1949 年，五年期满又收回，由其子邓龙光、邓受之经营。

1950 年 12 月，成立宜宾大曲酒酿造工业联营社，利川永加入其中，成为第二厂和第二门市部所在。该号原址，现为宜宾五粮液酒厂 501 车间，生产班组至今仍在生产五粮液。

其他作坊

民国时期，对宜宾杂粮酒生产有过一定影响，并对形成优质杂粮酒和五粮液质量体系做出过努力的宜宾酿酒作坊，除前述张万和、尹长发升、利川永之外，尚有钟三和、刘鼎新、万利源长、德胜福（叶德盛）等数家。

钟三和，民国时期开办于"张万和"作坊附近，即东濠街（今东浩街）的曲酒作坊。业主原为钟焕然，后交其子钟新垣经营。在新生路（今小北街）13 号开设门市，在宜宾城群众中颇有影响。民国三十三年（1944 年），又经营邓子均的利川永酒窖 13 口，扩大曲酒生产。在抗战胜利后，一段时间于小北街门市出售过零沽的五粮液。原钟三和酒窖至今作为五粮液酒厂 501 车间仍在生产五粮液。

刘鼎新，或作刘鼎兴。抗日战争前已开办，作坊在外北正街 195 号。原有酒窖 14 口，以所产鼎兴大曲闻名远近。业主刘春晖在小北街 17 号设门市，后又分出刘庆黎，在外北正街设门市。其酒窖至今仍在生产五粮液。

万利源长，抗日战争中开办。作坊在马家巷，有窖 10 口，曾于下北街（今民主路）设门市。原业主曾仲甫，后由曾如煦经营。其酒窖集中了城中部分老窖的优质窖泥，至今仍在生产五粮液。

德盛福，或称叶德盛。原作坊在走马街 88 号，窖池 8 口，其中明代弘治年间（1488～1505 年）窖 4 口。原业主叶治华在作坊所在设门市。因其酒窖地下湿、有浸水，于 20 世纪 60 年代后期已将其老窖泥转移到南岸青草坝五粮液酒厂 503 车间，至今仍在生产五粮液等优质酒。

20世纪90年代，五粮液酒厂大门。

第二章

1909～1962年

从清代陈氏秘方到一个新的高峰

20世纪30年代利川永大曲作坊附设五粮液制造部

1932年利川永大曲作坊附设五粮液制造部酒标

商标：

　　1928～1930年期间，利川永糟坊与上海利川东商号建立销售关系，采用日本棕色啤酒瓶，贴上叙州府利川永糟坊"五粮液"酒商标，通过上海利川东商号，将其酒销售至美国，曾获好评。

相关记事：

1932 年，邓子均为了扩大影响，打开销路，正式申请注册，成批生产五粮液，并制作了第一种五粮液商标。商标上画有五种粮食的图案，上面印有"四川省叙州府北门外顺河街陡坎子利川永大曲作坊附设五粮液制造部"，并附有英文以利外销。商标长约 14 厘米、宽 11 厘米，用 60 克白报纸彩色石印。印刷厂家是宜宾城中山街游荣森所经营的铁石斋印刷铺。在进行五彩套色印刷中，同时还撒上金粉（铜粉）以增亮丽。

为迎合国内外买主的不同爱好，利川永采用了两种瓶型，一种是宜宾县象鼻场（今宜宾市翠屏区象鼻镇）过桥窑烧制的直筒型土陶瓶，另一种是日本进口的"阿沙黑啤酒"棕色玻璃瓶。两种瓶型均为一斤装。包装齐备之后，邓子均利用水运之便，以船载酒，上溯岷江、乐山、夹江、洪雅等地，下流长江、销重庆、涪陵、武汉、南京、上海等地，使五粮液在省内外崭露了头角。

五粮液的热销刺激了宜宾酒业的进一步发展，商人纷纷开窑酿酒。这段时间，糟坊发展到了 14 家，除 4 家老号外，新开的有"全恒昌""听月楼""天赐福""万利源长""钟三和""刘鼎兴""赵元兴""吉庆""吉鑫公""张广大"等 10 家，共有窑 144 口。"利川永"的五粮液，由于发酵期长，窑池少，每年最多只能酿四五轮，年产量最高时才达到四、五千斤，故供不应求。加之一般曲酒只能卖到四角五分，而五粮液则卖大洋一元二角。长发升、全恒昌等糟坊见五粮液本小利大，市售紧俏，也开始自己配方酿制。据传，长发升所酿之酒当时已可与利川永的五粮液媲美。

1937 年，抗日战争爆发后，邓子均停办了烧酒作坊。一些作坊主把技术、资金转向杂粮酒生产，再勾兑为五粮液。城中也产杂粮酒的长发升，其所产酒主要用于馈赠、宴客等用，未能大量上市经销，也未印制商标，于是有了"五粮液是非卖品"一说。另有不少作坊，一直认为长发升酒好，而把利川永生产的五粮液误为长发升，搞乱了招牌。宜宾人和各作坊的经营者认为，五粮液是宜宾酿酒业长期酿造杂粮酒工艺的结晶，是众多酿酒工人在优质杂粮酒生产中不断探索的成果。要说功劳，长发升、利川永、万和老窑等作坊都做出过贡献。

"利川永"生产的五粮液毛利虽丰，但由于生产周期长，下窑时间一般比普通曲酒多出一倍，且工艺复杂，为保护专利，事事须由老板亲自操作，因而在民国时期始终未能形成较大的生产规模。

优质原料

20世纪40年代叙府尹长发升大曲作坊

20世纪40年代叙府尹长发升大曲作坊酒标

相关记事：

　　1944 年，日军飞机经常空袭四川，宜宾亦多次遭轰炸，邓子均恐家业被毁，于是将利川永立约过户给宜宾酒作坊钟三和老板钟焕然经营，定期五年。

　　1949 年，由于宜宾稻谷减产，不少作坊主亏损严重、经营困难，曲酒作坊由 14 家减为 7 家，酒窖由 140 余口减为 60、70 口，五粮液酒的生产能力不足原有的一半。

　　1949 年，中华人民共和国成立后，酒厂广大职工为了继承历史遗产和酿造出新的名酒，经多次长酿，生产出"杂粮酒"。此酒品质优美，香气宜人。因酒质与酒名实不符，1952 年改名为"五粮液酒"。在继承酿酒传统的基础上，经过反复实验，不断改进，终于酿出了开瓶喷香突起，入口满嘴生香，饮用醇厚甘美，饮后嗝噎留香之美酒。

酒标

1950~1951年利川永酒坊

501生产车间

相关记事：

　　中华人民共和国成立之初，人民政府扶持的利川永、长发升、钟三和、张万和、全恒昌、德盛福、刘鼎兴、赵元兴等8家糟坊恢复了生产。

　　1951年，政府组织利川永、长发升两坊成立了宜宾大曲酿造工业联营社，开始生产五粮液、尖庄等产品。

1952年宜宾老窖曲酒

1952年宜宾老窖曲酒酒标

相关记事：

　　1952年，宜宾专卖公司在大曲联营社的基础上，接纳了其他几家糟坊，实行公私合营，成立了川南行署区专卖事业公司宜宾专区专卖事业处国营第24酒厂。酒厂拥有各个时期的窖池共97口，其中窖龄在600年以上的明代窖池21口，100年以上的清代窖池26口，30年以上的近代窖池50口。

　　11月，宜宾大曲酒酿造工业联营社解散。是年，五粮液酒开始恢复生产的试验。

　　1952年，产酒36.77吨，产值3.96万元。

　　1952年，国家投资建立宜宾五粮液酒厂，曾请四川省博物馆考证了原有的部分糟房的墙壁和门户，结果证明是明代初期的建筑物，并考证出地坪下埋没的破碎瓷片也是明代遗存。这可以充分说明今日宜宾五粮液酒厂的历史，至晚不迟于明代，已有600多年历史了。

　　1952年，为加快技术进步，提高酒的质量，第一届全国品酒会在北京召开。那时的五粮液酿酒工艺尚处于整顿恢复阶段，正值新厂整合期，五粮液酒厂主动放弃了参评。

五粮液酿酒车间

1955年宜宾大曲

1955年五粮液酒标

相关记事:

1953 年 4 月, 原川北行署委员、商业厅副厅长老红军李鹏 (李奇柱) 调任中共宜宾地委委员、宜宾专区专署专员, 分管全区财经工作。在听取了宜宾地委统战部部长舒厚钟关于原"曲联社"副经理尹伯民请求恢复五粮液生产的汇报后, 决定恢复五粮液生产。责成地、市委统战部门出面, 通过原"曲联社"经理孙望山, 副经理尹伯民推荐利川永作坊老板邓子均作为技术顾问, 动员邓子均参加五粮液恢复生产的工作, 担任酒厂顾问, 先在利川永作坊恢复生产。

1953 年 10 月, 国营 24 酒厂扩建为中国宜宾国营酿酒厂, 职工人数 27 人, 厂址在宜宾市顺河街 141 号。宜宾国营酿酒厂集中了各糟坊的技术工人, 以及综合各坊的酿造特色, 生产基地主要有北门顺河街和东城鼓楼街两处。为发展五粮液生产, 该厂特聘邓子均为技术指导。邓子均深受党和政府感召, 参与了母糟重制, 并献出五粮液秘方, 把五粮液生产扩大到长发升、利川永原 29 口窖池生产。自此, 五粮液才从独家经营的糟坊生产逐步转变为大规模的工业生产。

12 月, 酒厂推广了张福成小组创制的"曲酒创作标准"。

12 月, 中国宜宾国营酿酒厂更名为四川省专卖公司宜宾国营酿酒厂, 厂址位于原四川省宜宾市的岷江路。

1954 年 9 月, 五粮液恢复生产获得成功, 受到四川省商业厅肯定。

五粮液501酿酒车间

1955年五粮液

规　　格 | 60%vol　500g

1955年60%vol五粮液500g装

相关记事:

1955 年初, 五粮液的质量已超过原作坊时水平, 受到四川省商业厅表彰。同时产量也大大提高, 由旧时仅产数千斤增加为 50000 多斤。地委统战部部长刘永玖提出"再好的酒也要勾兑, 产量大了, 不统一不行"。从这时开始, 范玉平成为重点培养的勾兑师。

9 月, 四川省专卖公司宜宾国营酿酒厂改名为四川省地方国营宜宾酒厂。

12 月, 中国食品公司开始组织五粮液出口的工作。

12 月, 五粮液酒厂改进生产工艺, 推行了"摘头去尾、蒸糠滴窖、回酒发酵、精选原料、改进曲药配料"等工艺。

1956 年, 五粮液酒首次参加全国名酒质量鉴定会, 与会者认为此酒调和诸味于一体, 品质优异, 风味独特, 受到与会者一致赞扬。此酒虽系高度酒, 但沾唇触舌无强烈刺激性, 饮后不上头, "每饮陶而不醉, 留香而无嗝噎之感"。五粮液在此次轻工部主持的全国名曲酒评比中荣获第一名, 在全国引起巨大反响。

1956 年, 五粮液被分为两个等级: 一级专门用于供应出口、特殊宴会和国际应酬; 二级供应产地一般市场。在销售价格方面, 一级五粮液 (57°) 批发价为 220 元 / 百斤, 二级五粮液 (57°) 为 170 元 / 百斤。

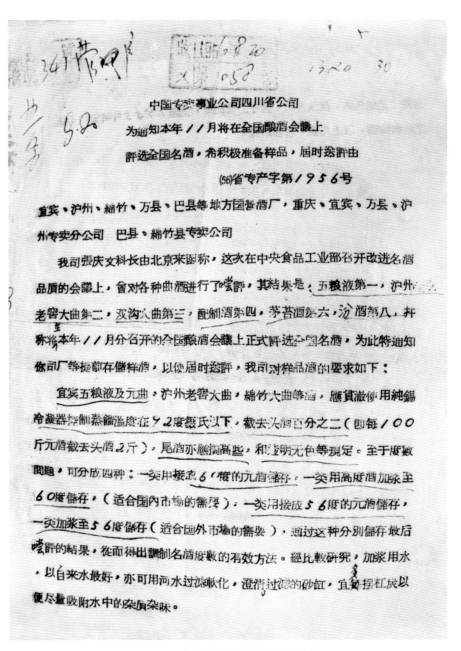

1956年全国评酒会呈送样品文件

1957~1958年长发升五粮液

五粮液长发升501车间

20世纪50年代五粮液酒标

20世纪60年代五粮液酒标

相关记事：

1957年，宜宾行署决定将原宜宾酒厂改为中国宜宾五粮液酒厂，并将全市所有的酒窖恢复，统归五粮液酒厂。

1957年11月，国家轻工部食品工业局、四川省糖酒研究室、四川省服务厅等单位在泸州曲酒厂，对全国名酒进行质量鉴定，五粮液再度被评为第一名。

1958年，国家拨款60万元，在五粮液酒厂建成了金沙江南岸的"跃进区"，完成了厂区的第一次扩建，使全厂产酒能力达到1141吨，形成了五粮液酒厂的最初规模。

是年，五粮液以"长江大桥牌"为出口商标，作为国家战略物资供应国际市场，销往美国、日本、新加坡、马来西亚等国家和中国香港、澳门地区。

12月，共有窖池96口。其中，产五粮液35口。有职工56人。

20世纪50年代，五粮液的酿造是工人们在烤酒师的指导下，根据五种粮食配方、比例和各个工序的掌握方法、火候等经验来进行酿造生产的，由此保持了五粮液的传统品质，为经验型管理。烤酒师用传统的要求，用感观、感觉和味觉去判断质量的高下和优劣。"大跃进"时期，随着工人不断增多，为了使新工人熟练掌握酿造技术，保持五粮液传统品质，工厂开展了各种劳动竞赛，包括质量、运输、磨粉、制曲等评出标兵，并号召向标兵学习。

20世纪50年代五粮液酿酒车间

20世纪50年代五粮液酿酒车间

1959年五粮液

醇香浓郁　芬芳回甜

五粮液酒提高质量

地方国营宜宾五粮液酒厂掀起优质高产竞赛热潮，大力提高产品质量。

职工们打破了"热打油、冷烤酒"的陈规，提出了"破除旧迷信，征服大自然，向细菌开战，猛袭热季关"的战斗口号，努力作好防夏工作，抓紧推广先进经验，作好工具和环境的清洁卫生，战胜了胜暑。

这一段时期，职工们还积极开展了技术革新，采取了"清麓蒸馏，红糟回沙"，加强发酵和蒸馏管理等措施，并通过领导干部和管理人员深入车间，跟班劳动，种试验田以后，目前产品质量有显著提高。7月22日试验室所产成品，已消灭了一等以下的次等酒，经送具有尝酒经验的人品评，一致称赞这种五粮液酒醇香浓郁，芬芳回甜。粮耗亦比全车间同期降低9.61%。

宜宾五粮液酒厂今年上半年完成的生产任务为去年总产量的三倍。现在，职工们提出"产品精又精，质量保第一"的行动口号，为国庆十周年献礼！

（邓明义、黄焕文）

节省坑木

木材是国家建设的宝贵材料，煤厂节省坑木是增产节约运动内容之一。最近，庆符清水溪焦煤厂总庙余海清建议从"废耳子"打进去，破壁挖炭，利用不架厢术作运输巷道，三条运输巷道节省了六百多架厢木的术。

（声）

醇香浓郁　芬芳回甜：五粮液酒提高质量。摘自：1959年四川《工人日报》

相关记事：

1959 年，五粮液酒厂职工发展到 96 人，年产酒 313 吨，年总产值 26 万元。

1 月 30 日，五粮液酒厂实行奖励工资，奖金等级：一级 5 元，二级 4 元，三级 3 元，四级 2 元。

3 月 12 日，企业名称由"四川省地方国营宜宾酒厂"变更为"四川省地方国营宜宾五粮液酒厂"。

9 月 29 日，"交杯牌"五粮液商标经国家工商行政管理局批准正式注册，商标字号为 32481。

1959 年 9 月，范玉平开始在五粮液酒厂从事白酒勾兑工作。他在尝了每一批酒后发现：同一工艺酿造的白酒，由于各个窖池的工人操作水平不一，生产出来的酒会有差别。而把这些酒相互掺兑调和，通过缓冲、烘托、平衡，就能够体现出所需要的风格和美感。

12 月，五粮液酒厂统一执行生产操作流程为：原料—粉碎—配料—和糟—上甑—蒸馏出酒—出甑—打晾水—摊凉—下曲—入窖—泥封—糖化发酵。此后，原料一律先经粉碎，再用于酿酒，这是对旧时五粮液酿造工艺的一项重大改进。

12 月 30 日，职工人数 140 人。其中，固定职工 64 人。

特征：

手榴弹瓶五粮液，此种五粮液最早出产于 1959 年。瓶盖为软木塞，并使用红色胶套；商标完整清晰，酒标色调为米白色和金黄色，庄重、大方，突显当时年代的厚重感；酒瓶正中所印红色"五粮液"艺术字，直观而夺目。

商标：

中华人民共和国成立后，地方国营宜宾五粮液酒厂首以"交杯牌"作为五粮液商标。1959 年 9 月 29 日，经国家工商行政管理局批准正式注册。

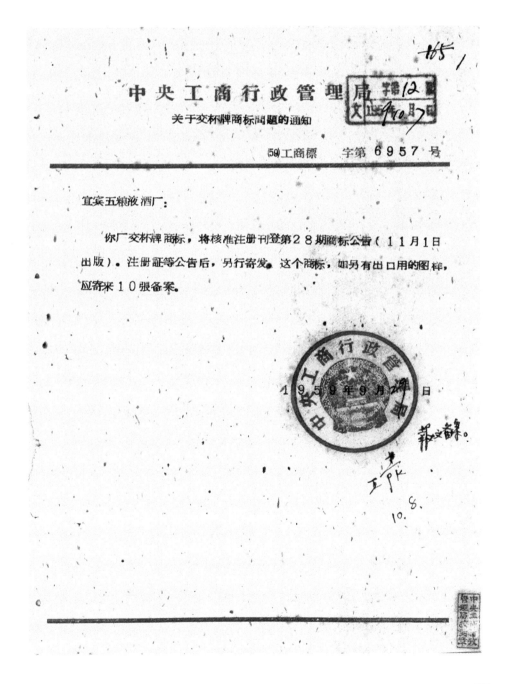

20世纪60年代初五粮液

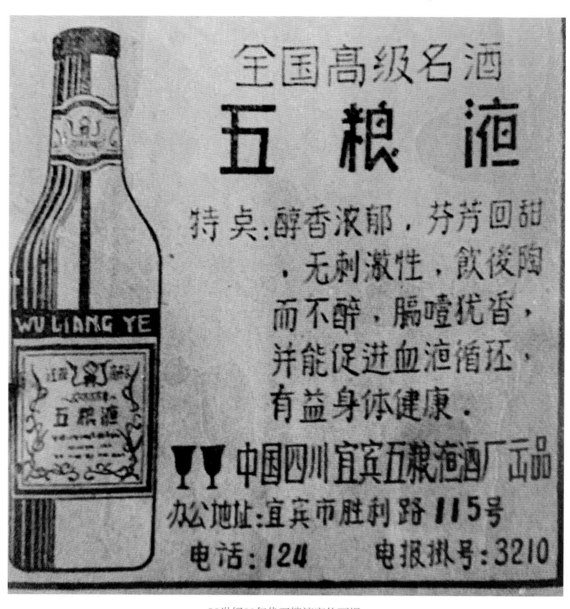

20世纪60年代五粮液宣传画报

宜宾元曲酒标

相关记事：

20 世纪 60 年代，工厂对原料配方进行了优化改良，将五种粮食中的荞麦改成小麦，除去其苦涩味，提高了五粮液的品质。

1960 年 7 月 8 日，五粮液酒厂分配范玉平负责仓库所有商品包装用品的储存、保管和收发，以及商品包装用品账务、实物安全等工作；对各车间新产酒实行逐坛验质评级、库存质量的摸底、出厂样品的调兑、出场酒的逐坛调味，进一步强调了勾兑工艺。勾兑技术的强化始于五粮液，始于范玉平。勾兑过程，是五粮液酒厂独创的调味工艺过程。从物质角度讲，它是根据每批基础酒的实际情况，加入一定量的综合调味酒来调整基础酒中风味物质的种类和含量，使其达到五粮液酒特有的感官风味标准的过程。从艺术角度讲，它是一个通过调味酒缓冲基础酒的缺点，烘托其优点，使之达到酒体平衡，强化突出五粮液酒独特固有风格的过程。

7 月 30 日，改建顺河街砖木结构酿造车间及窖房，增加新窖 36 口，增产五粮液 15 万斤。

9 月，宜宾专区商业局规定 450 克瓶装五粮液，批发价格为 1.83 元每瓶，零售价格为 2.02 元每瓶。

1961 年 7 月 9 日，五粮液酒分等级定价出售：特等五粮液瓶装每斤批发价 1.97 元，零售价 2.25 元；一级五粮液瓶装每斤批发价 1.85 元，零售价 2.1 元；二级五粮液瓶装每斤批发价 1.8 元，零售价 2.06 元。

1962 年 1 月，降低夏季用粮，提高产品质量，先进小组彭树清介绍生产经验。召开跃进誓师大会，增强劳动干劲，推行定员制度。制定单项标兵及劳动竞赛条件，即质量、产量、制曲、蔬菜班、运输、打曲药、磨粉等单项，个人评定等标准共 5 点 10 条。

2 月，酒厂生产车间有长发升、走马街、钟三和、张万和、加字、车字、大院子、刘鼎新、煤园等 9 个。

第三章

1963～1984年

峥嵘岁月　技术革新

1963年五粮液

规　　格 I 60％vol　500g

参考价格 I RMB 1,200,000

1963年60％vol五粮液500g装

相关记事：

1962年8月2日，五粮液酒厂提出关于改进出厂酒质量的报告：延长发酵期，提高产品质量，并对五粮液酒生产流程进行改进；将次等五粮液改为"提庄元曲"出售，五粮液分三级出售：特级、一级、二级（提庄元曲）。

10月，刘沛龙参加五粮液酒厂生产技术委员会对配方的研究，他发现陈氏秘方并非无懈可击。分析出汇成五粮液的香、浓、醇、甜、净、爽的多种微量元素，经化学成分分析证明，五粮液虽然是酒中佳酿，但玉中仍有瑕疵，"带苦涩味"是其不足。这苦涩就出在荞麦上。出生在大凉山边的刘沛龙自家就曾种植过荞麦，也吃过荞麦，当然很熟悉荞麦的味道。于是，

1963年11月，在第二届全国评酒会上五粮液被评为名酒的金质奖章证书。

他提出用小麦代替荞麦，"荞麦开花，粉红带紫；小麦扬花，纷纷飘白。用小麦代替荞麦，以白换红"。

1963年，作为唯一一届进行白酒质量排名的第二届全国品酒会在北京召开，因涵盖酒样之多，覆盖范围之广，酒类工艺发展程度之高，远胜第一届品酒会，被业界称为真正意义上的"第一届全国评酒会"。五粮液首次亮相评酒会舞台，在严格的评选中力压群雄，以第一名的成绩夺得本次全国评酒会的金质奖章，被轻工部正式授予"国家名酒"称号。

在此次评酒会上，五粮液得分最高，评语最好，被赞誉为当时全国酒类质量的"一个新高峰"。即"香气悠久，味醇厚，入口甘美，入喉净爽，各味谐调，恰到好处"。专家一致认为"五粮液在大曲酒中以酒味全面著称"。此后，"各味谐调"成了五粮液人努力保持，并且不断探索、不懈追求的产品质量目标。

1963年，范玉平勾兑的五粮液被评为"中国名酒"。由此，他被破格提拔为五粮液总技师。

1963年度宜宾五粮液酒厂五好职工合影

1964年交杯牌五粮液

规　　格 | 60％vol　500g
拍卖信息 | 西泠印社（浙江）
成交价格 | RMB　1，127，000
拍卖时间 | 2011年12月20日

60％vol交杯牌五粮液500g装

相关记事：

1964 年，五粮液正式对外出口。

4 月 9 日，提出改进工作初步方案。原料粉碎问题：改按品种破碎，红粱、玉米、小麦，分别破碎，以达到均匀；糯米、大米混合破碎。曲药质量问题要求把好三关：踩曲培菌关，出房验质关，粉碎分级关。统一操作规程：蒸粮糊化均匀，配料稳准均匀，摊凉下曲均匀，入窖泥封糖化发酵，分级摘酒、量质摘酒，蒸糠滴窖，建立专人管窖，建立联组操作。

4 月 10 日，四川省人民委员会批转商业厅关于酒类经营意见的报告，将宜宾酒厂改为省属工业企业，由省专卖局直接领导管理。

8 月，制定了五粮液技术标准《工艺操作纲要》。

9 月，刘沛龙参加第二届全国名酒技术协作会，在轻工业部主持下，起草了《五粮液标准（草案）》，并参与讨论全国名酒的各个标准草案。

10 月，四川省文物管理委员会派专家对五粮液酒厂利川永、长发升老窖实地勘察鉴定，认定系明初建筑物和遗存，为全国现存最早、最完整、连续使用时间最长的发酵窖池之一。

11 月，四川省地方国营宜宾五粮液酒厂更名为四川省宜宾五粮液酒厂。

12 月 17 日，制定五粮液《工艺操作纲要补充规定》。

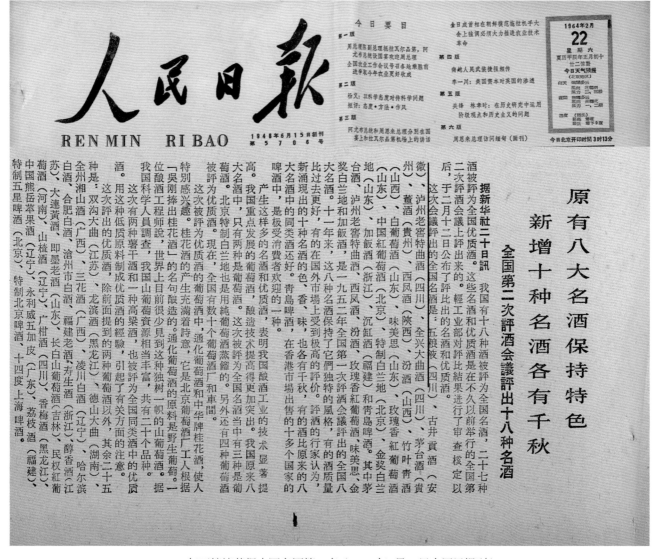

1963年五粮液获得中国名酒第一名（1964年2月12日人民日报刊）

1965年交杯牌五粮液

规　　格 I 60%vol　500g

参考价格 I RMB 1,150,000

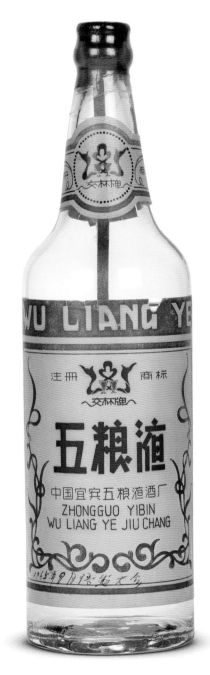

60%vol交杯牌五粮液500g装

古窑池出土明代瓷片　　　　　四川省文物管理委员会专家鉴定酒窖出土的陶片为宋至明初遗物的鉴定书

相关记事：

　　1965 年 6 月，中国银行、四川省专卖局借贷五粮液酒厂 20 万元。

　　9 月 7 日，四川省酒类专卖局同意调兑名酒耗损率为 0.5%，曲药粉碎损耗率为 1.1%。

　　12 月，宜宾五粮液酒厂决定 1965 年以后不再生产元曲酒。

　　是年，在四川省制糖发酵研究所的参与帮助下，五粮液酒厂进行生产工艺查定，确立了重要的生产工艺参数。

特征：

　　1963 ～ 1965 年，手榴弹瓶交杯牌五粮液，封口为软木塞加半透明红色胶套，正标交杯图案有明显凹凸感。正标设计简洁大方，主色调为金色和红色。颈标和正标有连接线。生产日期用中文数字标注在正标背面，透过瓶体能明显看到。

“交杯牌”瓶盖封口　　　　　　　　　　　　生产日期：一九六五年九月

1966年鼓型瓶交杯牌五粮液

规　　格 I 60％vol　500g

参考价格 I RMB 1,100,000

60％vol交杯牌五粮液500g装

相关记事：

1966 年，五粮液的正常生产受到冲击，工厂的管理和生产都处于低水平，社会动荡 10 年，也是五粮液酒厂历史发展最为缓慢的阶段。从产量上看，1966年的产量仅为 344 吨。

1966 年，五粮液出产被称为莲花瓶的透明玻璃瓶包装酒。此种瓶型在瓶口下方有莲花图案，瓶身贴有红色醒目的酒标、金黄色的麦穗，瓶盖为绿色，瓶颈中显著标有"中国名酒"字样，"麦穗光芒"设计图案在 1972 年以后取消。

特征：

1966 年红标交杯牌宽肩鼓型瓶五粮液 。瓶盖为塑料盖，有绿色、红色和白色三种颜色，外套红色封口膜，颜色较上一代交杯牌五粮液略深。颈标有"中国名酒"字样，正标主基调为红色，"五粮液"3 字和五种粮食图案，凹凸感明显，做工精美，并有辐射整标的光芒线。

酒香漂萬里

中共中央办公厅
人民大会堂管理局赠
四川五粮液酒厂
溥杰

溥杰题词

501酿酒车间

制曲车间

1966年交杯牌五粮液（出口白标）

规　　格 I 60%vol　250g 125g

参考价格 I RMB 800,000

60%vol出口交杯牌五粮液250g装　　　　　　　60%vol白标交杯牌五粮液125g装

相关记事：

　　出口白标交杯牌是五粮液是这个动荡时期的重要高端白酒品种，保存至今的五粮液经过历史风暴的洗礼与涤荡，已然创造了无与伦比的经济文化价值，并且在各种酒类拍卖会上频频创下新高。

特征：

　　1966 年出口白标溜肩鼓型瓶五粮液，封口采用白色塑料盖，外用白色透明胶套，无颈标，正标底色烫金，外施以凹凸刻板印刷技术，中间大部分为浅白色，行书"五粮液"字体和红标交杯牌五粮液有明显不同。生产厂家四川宜宾酒厂，是中国粮油食品进出口公司监制的出口产品，容量有 500 克、250 克、125 克三种。

交杯牌五粮液（出口白标）500g 装酒标

1967年交杯牌五粮液

规　　格 I 60％vol　250g

参考价格 I RMB 600,000

60％vol交杯牌五粮液250g装

相关记事：

　　1967年，五粮液在全国首创发明了"双轮底发酵新工艺"，提高了五粮液基础酒的质量和优品率，也为日后开发生产五粮液陈酿年份酒提供了技术支撑。所谓"双轮底"发酵，就是将窖池上部和中部的糟醅取出蒸酒，而把底部浸泡的糟醅多发酵一次再取出来蒸酒。如此一来，与上部和中部的糟醅相比，底部糟醅的发酵时间延长了一倍，微生物作用更充分，生化反应更彻底。酿出的酒中，各种主体香味成分更为丰富、饱满、厚实，有更加浓郁的窖香。

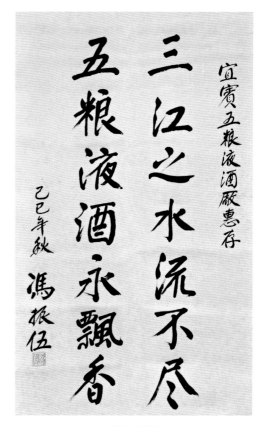

冯振伍题词

1967年11月17日，五粮液酒厂红旗"五一"公社毛泽东思想学习班合影。

1968年交杯牌五粮液

规　　格 I 60%vol　500g

参考价格 I RMB 1,030,000

60%vol交杯牌五粮液500g装

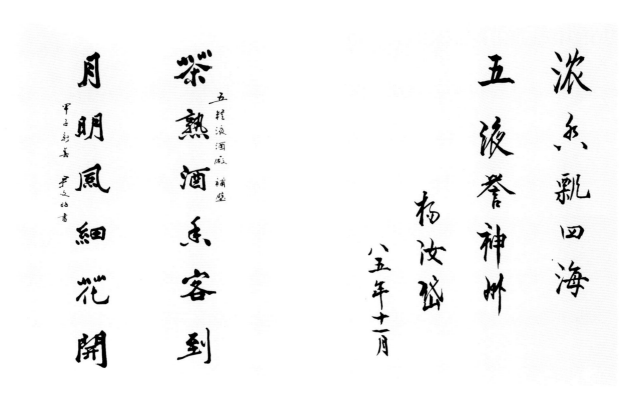

月明凤细花开
茶熟酒乐客到
五粮液酒厂 补壁
甲子新春 尹文昭书

浓系瓢四海
五液誉神州
杨汝岱
八五年十一月

尹文昭题词　　　　　　　　　　　　　　　　　　杨汝岱题词

相关记事：

1968 年，"双轮底"发酵相继在五粮液酒厂和全国其他白酒企业中推广并沿用至今，成为调味酒生产的重要工艺环节。

10 月 25 日，五粮液酒厂的全部机构被全部撤销，成立宜宾五粮液酒厂革命委员会。直到 1978 年，才恢复四川省宜宾五粮液酒厂。

1968 年，五粮液的产量仅为 336 吨。

20世纪60年代五粮液储酒库

1969年红旗牌五粮液

规　　　格 I 60%vol　500g

参考价格 I RMB 1,100,000

60%vol红旗牌五粮液500g装

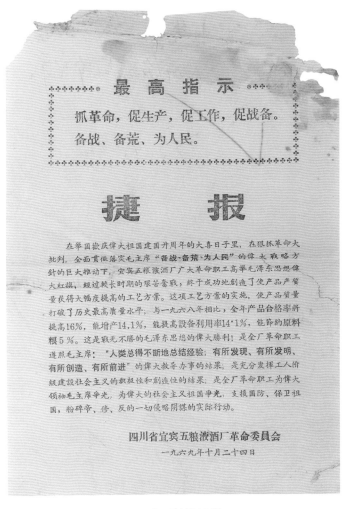

1969年五粮液捷报

关于五粮液注册商标批复文件

相关记事:

    1969 年 9 月 30 日,据《五粮液志》记载,五粮液酒使用的"交杯牌"商标改为"红旗牌"商标。

    20 世纪 60 年代后期,经过厂区扩建、技术革新等举措,整体粮耗有所降低、产量得以提升。

商标:

    "红旗牌"商标以三面迎风飘舞的红旗图案为样式,颈标处印有毛体"为人民服务"字样,替代了之前"中国名酒"4 字。这里的"三面红旗"意指"总路线、大跃进、人民公社",具有十分鲜明的时代印记。

1970年红旗牌、交杯牌五粮液

规　　格丨60%vol　500g 250g

参考价格丨RMB 1,100,000／RMB 1,050,000／RMB 550,000

60%vol红旗牌五粮液500g装　　　　60%vol交杯牌五粮液500g装　　　　60%vol交杯牌五粮液250g装

相关记事：

1970 年 5 月 23 日，宜宾地区财贸工作委员会下文：增补赵明为酒厂革委会主任，梁君先为副主任，李君智、刘荣清、李永成、张海清为委员；原革委会主任胡光志调整为副主任。

1970 年 8 月 26 日，宜宾地区革委会通知，四川省领导决定将宜宾五粮液酒厂下放给宜宾地区领导。

9 月 28 日，县级宜宾市革委会生产指挥组批复同意划拨南岸青草坝土地 2000 平方米（折合 3 亩，其中耕地 0.87 亩，非耕地 2.13 亩），扩建南岸生产车间。

特征：

红旗牌宽肩鼓型瓶五粮液，封口瓶盖采用红色或白色，外加红色胶套，颈标有"中国名酒""为人民服务"两种；正标主基调为红色，注册商标为"红旗牌"；正标下部有五谷图案，正标底部为黄色，并有"四川省宜宾五粮液酒厂出品"字样，容量有 500 克、250 克两种。

根据实物显示，目前现世最早的"红旗牌"五粮液为 1970 年 5 月，最晚为 1972 年，存在了大约三年时间。

根据国内多家拍卖会的信息，以及中国陈年白酒收藏家手中的实物分析，现存世的"红旗牌"五粮液酒不超过 20 瓶。

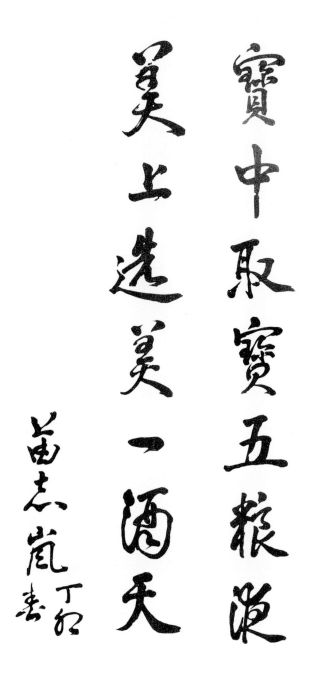

宝中取宝五粮源

美上选美一酒天

苗志岚题词

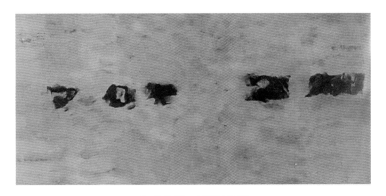

生产日期：1970年2月

1971年红旗牌五粮液

规　　格 | 60%vol　500g　250g

参考价格 | RMB 1,100,000／RMB 600,000

60%vol红旗牌五粮液500g装　　　　　60%vol红旗牌五粮液250g装

五粮液501酿酒车间窖池

相关记事：

  1971 年 5 月，南岸车间竣工新建窖房一幢，面积 2000 平方米，酒厂决定将工农路车间的窖泥搬往南岸车间投入新窖房，加快名酒生产。

  10 月 18 日，经请示宜宾地区革委会同意，将"红旗牌"五粮液的注册商标改为"长江大桥牌"。

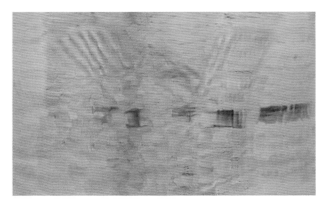

生产日期：1971年

生产日期：1971年5月

1971年交杯牌五粮液

规　　格 I 60%vol　500g　250g

参考价格 I RMB 980,000 / RMB 500,000

60%vol交杯牌五粮液500g装　　　　　　60%vol交杯牌五粮液250g装

相关记事：

　　五粮液"各味谐调，恰到好处"的香型与中国数千年的传统儒家文化相一致。因此，五粮液承袭中华民族传统文化，更是中国传统文化在酒品中的一个缩影和反映。

1966～1972年交杯牌五粮液酒标

1972年红旗牌、交杯牌五粮液

规　　格 I 60%vol　500g

参考价格 I RMB 980,000 / RMB 980,000 / RMB 980,000

60%vol红旗牌五粮液500g装　　　60%vol红旗牌五粮液500g装　　　60%vol交杯牌五粮液500g装

相关记事：

  1972 年，经过成千上万次的实验，42 岁的范玉平和他的同事们终于发明了利用不同年份、不同风格的基酒相互掺和、相互作用的勾兑技术，开了中国白酒勾兑之先河。随着勾兑调味技术在中国白酒业的广泛推广和应用，"范玉平的舌头"也声名远扬。在其他酒厂的酒品鉴定和全国行业评比中，"范玉平的舌头"常常是"一品九鼎"，成了中国白酒业神奇而又最权威的舌头。

  1972～1978 年，这 6 年时间里，范玉平根据五粮液独特风格，分析研究其中各种微量成分的特性和关系、酒香和酒味各微量成分的感官特征：微量成分变化对白酒品质的影响，并总结出五粮液勾兑技术的理论和操作要领，发明了缓冲、烘托、平衡等勾兑调味工艺技术。被称为"范氏勾兑"的独创技术，为五粮液起到了画龙点睛之功效，范玉平成了当代酿酒业中当之无愧的"勾兑第一人"。

  1972 年，经营五粮液出口的湖北粮油食品进出口公司给五粮液酒厂发函称："近年五粮液出口量下降，主要是酒度太高（52°，即 52% VOL），希望能降低酒度，满足外商的要求。"由此，五粮液酒厂将此作为研究课题。

颈标

瓶盖

颈标

特征：

  1972～1973 年手榴弹瓶五粮液有"红旗牌"和"交杯牌"两种注册商标。瓶口采用塑内塞，加套红色，或黄色半透明膜。颈标有"中国名酒"和"为人民服务"两种，正标较鼓型瓶商标小一半左右，容量为 500 克。

瓶盖

1972年交杯牌、长江大桥牌五粮液

规　　格 I 60%vol　500g

参考价格 I RMB 980,000 / RMB 480,000

60%vol交杯牌五粮液500g装

60%vol长江大桥牌五粮液500g装

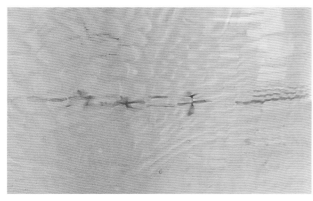

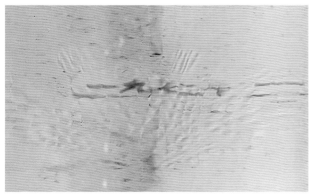

生产日期：一九七二年

范玉平塑像

悠久的历史，灿烂的酒文化

"酒都"宜宾，钟灵毓秀，人杰地灵，酒文化历史源远流长。两千多年前的僰人酿造的"蒟酱"，唐代杜甫赞美的"重碧酒"，宋代黄庭坚吟诵的"荔枝绿""姚子雪曲"，明初的"杂粮酒"，今天闻名世界的"五粮液"，其间经历了人间甘苦，流传着许多可供传颂的故事，为中国的灿烂酒文化，抒写了辉煌的一章。

五粮液501酿酒车间

1973年鼓型瓶长江大桥牌五粮液

规　　格 I 60%vol　500g

参考价格 I RMB 400,000

60%vol长江大桥牌五粮液500g装

1973年9月，各大酒厂勾兑人员在进行现场勾兑操作相互交流经验。

相关记事：

在山西召开的全国名酒技术协作会议上，五粮液作了"勾兑调味技术汇报交流"，并获得成功。至此，勾兑调味工作在全国广泛推广，成为 20 世纪 70 年代发展起来的一项新兴工艺。

特征：

"长江大桥牌"五粮液（1958 年～ 1993 年）分内销酒与出口外销酒。早期出口外销酒没有颈标，且为白标，正标上标有"中华人民共和国 · 中国粮油食品进出口公司 · 湖北""中华人民共和国 · 中国粮油食品进出口公司 · 四川省分公司""四川省粮油食品进出口公司 · 中国 · 四川"字样。红标长江大桥用于国内销售，白标、红标"长江大桥牌"商标使用期间都有微小变化。

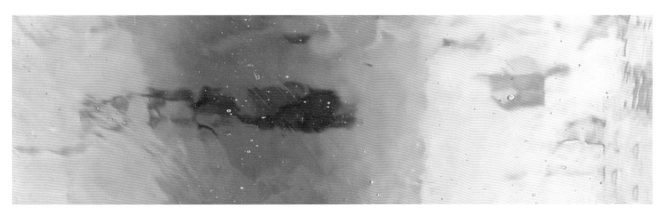

生产日期：1973年

1974年鼓型瓶长江大桥牌五粮液

规　　格 I 60%vol　500g

参考价格 I RMB 400,000

60%vol长江大桥牌五粮液500g装

范玉平与弟子们讨论五粮液

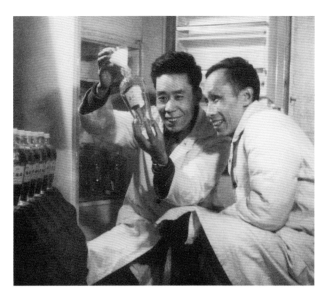

范玉平和刘沛龙在一起研究五粮液勾调技术

相关记事：

　　1974年，酿酒工程师刘沛龙以小麦代替"陈氏秘方"中的荞麦，从而减少了酒体的苦涩味。配方更加科学，也易于操作，真正凸显了五粮液"各味谐调、恰到好处"的风格特点。从"陈氏秘方"到"五粮液配方"，五粮液的酿造进入了一个全新的阶段，也使白酒酿造达到一个全新境界，这是历史性的跨越。

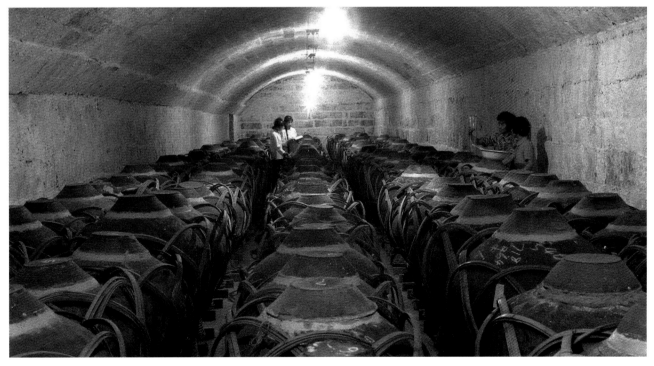

技术人员勾调取样

1975年鼓型瓶长江大桥牌五粮液

规　　格 | 60%vol　500g

参考价格 | RMB 400,000／RMB 400,000

60%vol长江大桥牌五粮液500g装　　　　　　60%vol长江大桥牌五粮液500g装

相关记事：

1975 年 9 月 4 日，宜宾地委财贸工作部同意由马清月、胡光志、梁君先、高荣武、郑宜富、熊再兴等 7 人组成五粮液酒厂党总支委员会。

11 月 11 日，宜宾五粮液酒厂制订"五五"期间发展生产建设规划。

12 月 6 日，宜宾地委财贸工作部任命李庭芳为五粮液党总支副书记。

1975 年，五粮液首次使用外盒包装，为瓦楞纸外盒。

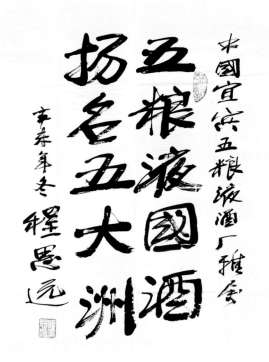

程思远题词

20世纪70年代包装车间

1976年鼓型瓶长江大桥牌五粮液

规　　格 I 60%vol　500g 250g

参考价格 I RMB 380,000 ／ RMB 280,000

1976年60%vol长江大桥牌五粮液500g装　　　　　1975年12月60%vol长江大桥牌五粮液250g装

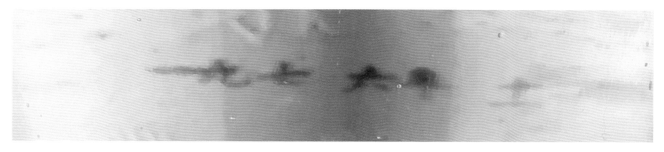

生产日期：一九七六年十一月

相关记事：

　　1976 年 1 月 28 日，宜宾五粮液酒厂设置内部机构有秘书科、政工科、生产技术科、供销科、财会计划科、劳动工资科、基建维修科、南岸车间、城区车间、磨粉制曲车间、成品包装储存车间，并分别任命了各部门负责人。

　　五粮液采用的是以计算机勾兑和人工尝评相结合的独一无二的先进技术，被业界誉为"勾兑双绝"。五粮液是以酒勾酒，绝不添加任何香精和味素。用来勾兑五粮液的调味酒属特级酒，来自有着 600 多年历史的明初古窖池，它酒味丰富全面，对基础酒有固其本、辅其弱、扬其优、克其短之奇效，体现出一种综合美感，对五粮液达到"各味谐调，恰到好处"的味感起到画龙点睛的作用。

1976年60％vol长江大桥牌五粮液250g装　　　　250g五粮液感官勾兑样酒　　　　　　250g五粮液仪器指导勾兑样酒

1977年鼓型瓶长江大桥牌五粮液（出口白标）

规　　格 I 60%vol 52%vol　500g 250g 125g

参考价格 I RMB 380,000／RMB 220,000／RMB 80,000

60%vol长江大桥牌五粮液500g装　　　　60%vol长江大桥牌五粮液250g装　　52%vol长江大桥牌五粮液125g装

相关记事：

　　出口的"长江大桥牌"商标五粮液，是鼓型玻璃瓶包装加上镀金色的酒标，更加富有时代感。在当时国家规定出口公司要以有港口的省份粮油公司名字，所以是用的湖北省公司，五粮液的出口工作便通过中华人民共和国粮油食品进出口公司湖北省公司进行，所以在酒标中有"中华人民共和国中国粮油食品进出口公司"以及"湖北"字样。当时标注的五粮液生产单位为"四川宜宾酒厂"。

出口长江大桥125g装包装盒

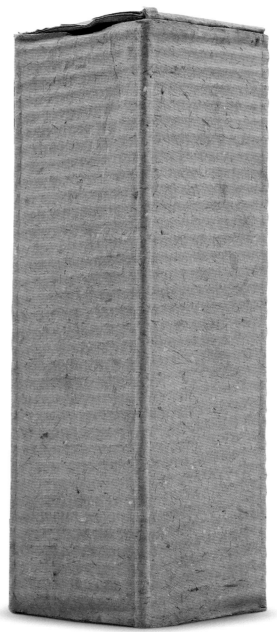

60%vol长江大桥牌五粮液500g装和包装盒

1977年鼓型瓶长江大桥牌五粮液

规　　格 | 60%vol　500g 250g

参考价格 | RMB 380,000 / RMB 200,000

60%vol长江大桥牌五粮液500g装

60%vol长江大桥牌五粮液250g装

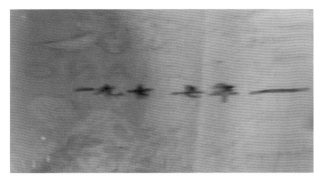

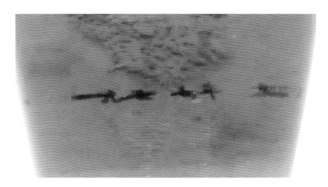

生产日期：一九七七年　　　　　　　　　　　　　生产日期：一九七七年

相关记事：

　　1977 年，商业部下达"五粮液酒勾兑技术的研究"重点科研项目，确定了五粮液风格质量中微量成分的量及量比关系标准。此后，宜宾五粮液酒厂购进检验仪器，开始使用"气相色谱仪"，实现了仪器分析与感官尝评相结合，增强产品的理性分析能力。

　　6 月 15 日，宜宾五粮液酒厂制订"扩建名酒 3000 吨生产规划方案"。

　　10 月 24 日，宜宾市革委会同意酒厂扩建 3000 吨生产能力的厂房，征用土地 145.43 亩。

20世纪70年代五粮液厂房

1978年鼓型瓶长江大桥牌五粮液

规　　格 I 60%vol　500g

拍卖信息 I 中国酒业协会主办"老酒回家"暨五粮液传世浓香"溯源之旅"慈善拍卖会

成交价格 I RMB 130万／3瓶

拍卖时间 I 2019.8.16

60%vol长江大桥牌五粮液500g装　　　　　　　　　　　60%vol长江大桥牌五粮液500g装

五 粮 液

　　五粮液味来喷香，浓郁悠久世无双，香醇甜净口美备，风格独特酒中王。

　　五粮液酒吸取了五谷菁英，调和诸味，恰到好处，为饮料酒中之无尚佳品，自问世以来，驰名中外，享有崇高的声誉。

　　开瓶时，喷香突起，扑鼻馥面，入口时，漉口生香，饮用时，四座皆香，饮用后，余香不尽，一室留香，每有闻而不倦，属嗜酒者之快事。

　　五粮液清彻透明，酒度虽高达60度（出口52度）沾唇触齿，并不使人有强烈刺激的感觉，但觉酒味浓厚，酒体柔和甘美，饮喉浮爽，回甜舒适。经全国评酒委员会评定，在大曲酒中以酒味全面著称。特点是：香气悠久，味醇厚，入口甘美，入喉浮爽，各味谐调，恰到好处，形成了它独特的风味。

　　五粮液以五种粮食为原料而命名，系四川宜宾五粮液酒厂的产品，宜宾古称戎州、叙州。据《叙州府志》记载，远在宋代就有人公私用多种原料酿"荔枝绿"酒，北宋诗人黄庭坚饮后，以酒质优类誉为"戎州第一"。后人遂常以多种谷物酿酒。五粮液就是用多种谷物为原料酿制的方法，经过不断修订而逐步定型的，酿制五粮液的老窖，根据四川省文物管理委员会鉴定，确定为明代遗物。距今已五百余年，足征宜宾五粮液是一份极为珍贵的民族遗产。五粮液虽有悠久的历史，但在封建专制统制下，限制了生产力的发展，加以解放前由于四川军阀混战，和国民党反动统治的横征暴敛，百般摧残，各业凋零，至解放前夕，五粮液酒生

1978年宜宾五粮液酒厂关于五粮液介绍1

产已中断。

　　解放后，在伟大领袖毛主席的革命路线指引下，在党的正确领导下，酒厂职工发挥了无穷的智慧，从1951年恢复生产以来，为了继承、巩固和发展祖国的民族遗产，本着"取其精华，去其糟粕"的精神，坚持长期科学实践，不断进行技术革新、产品质量逐步改进提高，1956年参加全国名酒质量鉴定，就以品质优良受到赞誉，大有后来居上之势。从而鼓舞了全厂职工不断革命精神，鼓足干劲，大胆革新创造，不断总结提高，形成了一套完整的生产操作工艺，酒的风味，更加完美。1963年第二次全国评酒会议评为国家名酒，名列前茅。

　　经过长期的酿酒科学的研究，五粮液之优类独特品质风格形成，简而言之，首先是它的酿造原料的多种品种的配合，五种粮食—红粱（高粱）、酒米（糯米）、大米（稻米）、小麦、玉米，除了要精选外，很比例搭配特别适当，避免畸轻畸重，成品酒才能调和五味，恰到好处。其次是五粮液用小麦制曲，有一套特殊制曲法，称为包包曲，并互必须用陈曲。五粮液酿造用岷江江心水，水质优良，清洁少杂质，是酿造的好水。其三五粮液的发酵窖是陈年老窖，最老的窖已有五百年以上，加以发酵期在70天以上，醇化完全，同时用素窖陈泥封窖，精心管理，减少酒气的挥发，这和酒的香气都有着重大关系。

　　五粮液的品质优美奥秘，经在它的生产工艺中不断学习，不断革新创造先进工艺，例如采取"分层蒸馏"、"量质摘馏"、"热浆拌料"、"高温量水"、"低温入窖"、"滴窖降酸"、"回酒发酵"、"人工培窖"

1978年宜宾五粮液酒厂关于五粮液介绍2

"双轮底发酵"等有效措施，对提高酒的质量起到了极其重要的作用。

　　宜宾五粮液，始终坚持质量第一的生产方针，把质量视为名酒的生命线，从生产到出厂层层把好质量关：分层蒸馏、量质摘馏、按质并坛、聪壮入窖、分级储存、分坛散卡、长期储存，精选酒质、理化分析、精心勾兑、品评鉴定、包装专人品评等有效措施，确保产品质量。

1978年宜宾五粮液酒厂关于五粮液介绍3

相关记事：

　　1978年1月31日，四川省商业厅将"五粮液勾兑技术理论的研究"立项，作为1978年部属科研项目，要求1979年完成。

　　6月22日，宜宾地委财贸工作部任命李庭芳为五粮液酒厂副厂长，杨源浦为总支副书记、副厂长，梁君先为副厂长。

　　11月8日，著名数学家华罗庚教授致电宜宾五粮液酒厂，祝贺推广"双法"获得成功，并赠诗鼓励："六年未成功，双法出成果。"

　　11月11日，宜宾地委通报表扬五粮液酒厂在推广"双法"中，成功地将优选法应用于酿造工艺，将酒的浓度从52°降到38°和35°，超过出口酒标准。节约粮食29700公斤，创造价值5.85万元。

　　1978年，国家轻工部在湖南长沙召开的全国名酒会议上，对39°五粮液作了如下评价：无色透明，浓香纯正，味甜爽口，回味悠长。

1978年五粮液商标（38度）

规　　格 | 38%vol　500g

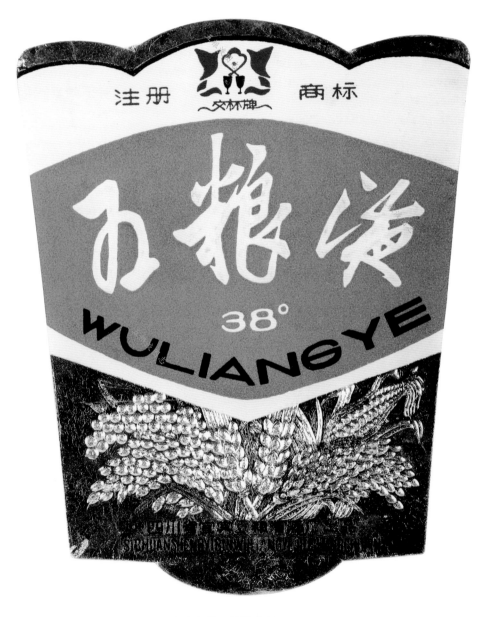

1978年交杯牌五粮液商标（38%vol）

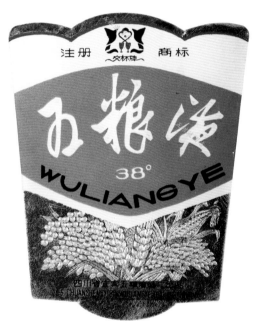

1978年交杯牌五粮液商标（38%vol）

相关记事：

　　1978年10月，我国著名数学家华罗庚教授率领一个小分队来川推广"优选法"和"统筹法"，刘沛龙被调到厂里推广"双法"办公室，结合酒厂生产、管理实际推广"双法"。在五粮液出口酒降度实验中，刘沛龙、左玉屏等运用优选法，攻克了多年来无法解决的技术难题——生产出口低度酒。一是优选出酒度和温度，利用降低温度凝固去除的办法，解决了酒的浑浊问题；二是利用五粮液创造的调味优势，用高度多味调味酒弥补过滤后酒味淡薄的缺点，成功研究出了38°和35°的低度五粮液。

　　"双选法"的成功，解决了自1972年以来配合湖北口岸出口要求，并最终解决出口酒降度的难题，引导了中国白酒低度化的市场消费，获得了1978年四川省"双法"成果二等奖。

　　后来，刘沛龙又将38°微调为39°。39°的五粮液酒味的口感更醇净甘爽，一上市就在国际市场引起了不小震动，订货量猛增3倍。由此，刘沛龙开创了中国低度酒之先河，形成了五粮液庞大"酒阵"的雏形。

1979年鼓型瓶长江大桥牌五粮液

规　　格 I 60%vol 52%vol　500g

参考价格 I RMB 350,000／RMB 350,000

60%vol长江大桥牌五粮液500g装　　　　　　52%vol长江大桥牌五粮液500g装

1979年，五粮液人与金质奖章、奖状。

相关记事：

1979年，五粮液酒厂投资1800万元在岷江北岸修建了新的生产区，占地9.96万平方米，产酒能力达到4440吨。

10月31日，五粮液复以"交杯牌"注册，使用于内销酒。

是年，五粮液被中华人民共和国经济委员会评为国家质量奖优质产品。

是年，轻工业部在大连组织召开第三届全国评酒会，在本届更为严格，更为细致化的考评中，"交杯牌"五粮液凭借优秀的品质，勇夺浓香型白酒桂冠，再获"国家名酒"称号，成为最受瞩目的名酒之一。

是年，世界著名数学家华罗庚教授赋诗颂扬曰："名酒五粮液，优选味更醇。"

五粮液501车间

1980年鼓型瓶长江大桥牌五粮液

规　　　格 I 60%vol 52%vol　500g 125g

参考价格 I RMB 330,000／RMB 80,000

60%vol长江大桥牌五粮液500g装　　　　52%vol长江大桥牌五粮液125g装

相关记事：

1980年1月12日，宜宾五粮液酒厂请求延长"五粮液勾兑技术研究"课题时间，即从1979年11月至1982年4月30日止（比原计划多半年）。

1月31日，五粮液参加第二届四川省评酒会，被列为"四川省名酒"。

7月，五粮液酒厂制定了《粉碎、制曲工人技术等级标准》《酿酒工人技术考核等级标准试行草案》《包装工、酒库工标准》，进一步完善了五粮液的酿造流程。

11月12日，宜宾地委组织部任命吴琴书为五粮液酒厂党总支副书记、厂长。

20世纪80年代，老厂长李庭芳检查质量。

特征：

红标长江大桥牌五粮液，自1972年开始生产，度数为60°。由于商标为长江大桥图案，所以这一时期的五粮液被称为"长江大桥牌五粮液"。长江大桥牌五粮液采用白色塑料盖，外套透明膜胶套（20世纪70年代中期，红标长江大桥牌250克装用过少量红色胶套），瓶子为鼓型瓶（也称"萝卜瓶"），瓶子有颈标，印有"中国名酒"字样。正标为红色，上边有长江大桥图案，中间有"五粮液"3个白色字体，下面有小麦、高粱、玉米等组成的五谷图案，最下面有"四川省宜宾五粮液出品"。生产日期为蓝色阿拉伯数字和大写汉字格式两种，日期打印在正标背面。

1972～1984年长江大桥牌五粮液酒标中的长江大桥图形，分为大桥（2.5厘米）、中桥（2.3厘米）、小桥（2.0厘米）3种尺寸，收藏界将它们称之为"大桥""中桥""小桥"。

1972～1981年长江大桥牌（大桥、中桥、小桥）五粮液注册图案

长江大桥五粮液（红标7种）

1973年60%vol宽口长江大桥牌
五粮液（大桥）500g装

1975年60%vol窄口长江大桥牌
五粮液（大桥）500g装

1979年60%vol宽口长江大桥牌
五粮液（小桥）500g装

vol宽口长江大桥牌
（中桥）500g装

1975年12月60％vol白玻鼓型瓶
红膜长江大桥牌五粮液
（大桥）250g装

1976年60％vol白玻鼓型瓶白膜
长江大桥牌五粮液
（小桥）250g装

1984年60％vol绿玻鼓型瓶
长江大桥牌五粮液
（中桥）250g装

1981年鼓型瓶交杯牌五粮液

规　　格 I 60%vol 500g

参考价格 I RMB 60,000

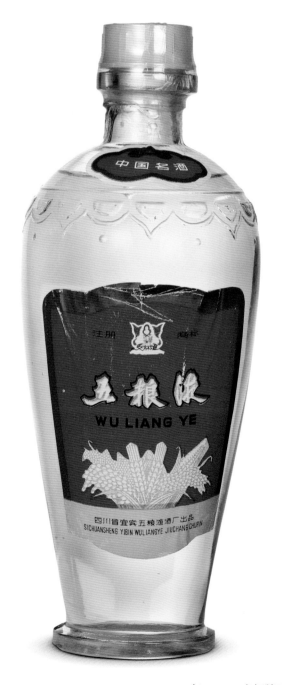

1981年60%vol交杯牌五粮液500g装和包装盒

相关记事：

1981年3月，五粮液酒厂召开首届职工代表大会，会议审议并通过了《厂规》《工作报告》《经济责任制报告》等。

7月，宜宾地委财贸工作部同意五粮液酒厂成立科技研究室，专门从事白酒机理研究。在随后的几十年中，科技研究室先后更名数次，从一个厂的技术部门逐渐升级为国家企业技术中心。

9月，全面推行质量管理，酒厂成立了由厂长为主任的质量管理委员会和全面质量管理办公室，有了专门的质量管理机构，并在所有二级单位都建立了全面质量管理（TQC）领导小组。

特征：

1981年宽口鼓型瓶，封口采用白色塑料盖，外套透明酒精膜，颈标有"中国名酒"字样。正标再次使用"交杯牌"注册商标，较上一代交杯牌五粮液更为简洁。并在某一时期，加装精美的外包装盒，如左图所示。日期为阿拉伯数字表示。

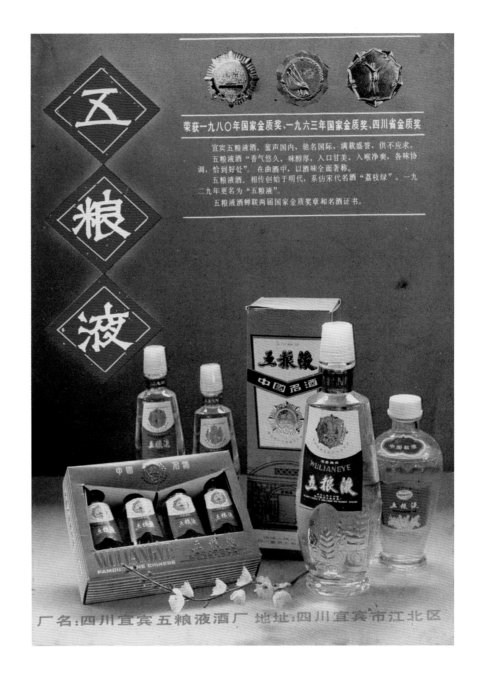

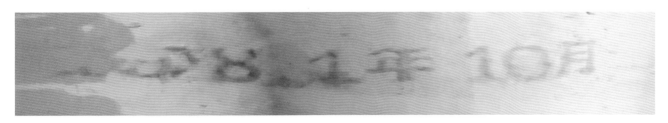

生产日期：1981年10月

1981年麦穗瓶五粮液

规　　格 I 60%vol 500g

参考价格 I RMB 60,000

60%vol麦穗瓶五粮液500g装和包装盒

相关记事：

1981 年，《商标法》颁布在即，为了与"五粮液"酒名一致，酒厂另以"五粮液"为名申请注册商标，与"交杯牌"同时并行使用。

9 月 10 日，宜宾地委财贸工作部同意五粮液酒厂成立全面质量管理部。

11 月 30 日，"五粮液酒勾兑技术的研究"进入后期工作阶段。

1981 年，24 岁的范国琼进入五粮液酒厂，跟随父亲范玉平学习勾兑技艺。在五粮液酒厂中她被称为"五二代"。从拜师学艺那天起，范国琼就给自己定下了"三不规矩"，即"一不涂口红，二不用化妆品，三不吃麻辣酸甜"。为了学习技艺，曾经滴酒不沾的她每天开始大量品酒，反复地品尝、不断练习，只为找到酒中 2% 的差别。

全国评酒委员会委员范国琼

特征：

1981 年，五粮液首创"麦穗瓶"，瓶身凹凸纹组成的麦穗图案，非常富有质感。此外，瓶身的商标也悄然发生了变化。为了顺应新式瓶身的造型需求，五粮液酒标设计为竖型酒标，用圆弧和颜色区分为上下两部分。上部分为白色底色，上印有国家优质奖奖章，下半部分为褐色底色，并伴有"五粮液"字体及"注册商标"字样、"中华人民共和国四川省宜宾五粮液酒厂"和其英文翻译。这时期，麦穗瓶是五粮液外销酒的主流出口瓶型，瓶身上有突出的"WLY"凸纹。

麦穗瓶五粮液突出的"WLY"凸纹

1982年鼓型瓶交杯牌五粮液

规　　格 | 60%vol　500g

参考价格 | RMB 56,000 / RMB 56,000

1982年9月份前宽瓶口
60%vol交杯牌五粮液500g装

1982年9月份后窄瓶口
60%vol交杯牌五粮液500g装

五粮液勾兑技术研究小组留影

相关记事：

　　1982 年，刘沛龙主持"五粮液勾兑技术研究"，首次摸清了中国名酒五粮液中主要微量成分及其量比关系对酒质的影响。该项目获得 1982 年度四川省人民政府"重大科学技术研究成果"三等奖和商业部"重大科技成果"二等奖。

　　4 月，宜宾地区经济委员会、财政局给 1983 年实现经济效益高的地级企业给予物资奖，五粮液酒厂获奖。五粮液经国家商业部批准，被评为商业部系统优质产品。

　　4 月 19 日，宜宾五粮液酒厂申请新增产品免税归还扩建投资贷款。

　　8 月 10 日，宜宾地区商业局批准宜宾五粮液酒厂拆除二坎子曲药库房，修建职工宿舍一幢。

　　12 月 3 日，中共宜宾地委财贸工作部批复宜宾五粮液酒厂增设车间、科室。

生产日期：1982年11月12日

1982年麦穗瓶五粮液

规　　格 I 60%vol　500g

参考价格 I RMB 56,000

60%vol麦穗瓶五粮液500g装

餐桌上的五粮液

特征：

    1982年，五粮液麦穗瓶早期专用于外销。麦穗瓶身凹凸纹组成麦穗图案，图案精美，非常富有质感。瓶身上还有突出的五粮液拼音简写字母"WLY"，这为国际社会加深对五粮液的印象提供了帮助。此类五粮液的生产日期，仍然用蓝色油墨印在酒标的背面，透过酒瓶清晰可见。

1982年11月，五粮液勾兑技术鉴定会留影。

1983年鼓型瓶交杯牌五粮液

规　　格 I 60%vol　500g

参考价格 I RMB 53,000

60%vol交杯牌五粮液500g装

相关记事:

1983 年,五粮液荣获国家优质食品金质奖章。五粮液系列包装设计荣获四川省计划经济委员会、四川省包装技术协会颁发的"四川省 1983 年包装印刷优秀奖"。

"四川省 1983 年装潢设计优秀奖""四川省1983 年纸制品优秀奖"。

8 月 4 日,宜宾五粮液酒厂开展"制曲工艺研究"。

五粮液的包包曲因其形状如包裹而得名,其曲以小麦特制,世代流传,沿用至今。包包曲有皮薄内厚、断面齐整、麦序均匀等特点。其特殊的外皮构造,使得酒曲内部的谷物更加快速地将淀粉、蛋白质等转变成糖和氨基酸,随之在酒化酶的作用下转变成乙醇(即酒精)。五粮液包包曲的包裹状外形,以及特殊的存放方式,使得酒曲间的空气规律流动,又因堆放层次的不同而形成温差,加速良品包包曲生成。

以包包曲发酵,通过温度的控制,形成不同的菌系,酶系,有利于酯化、生香和香味物质的累积,构成产品的独特风格,是五粮液以品质战胜其他白酒的关键。透过包包曲,我们看到五粮液神秘的一面,看到五粮之韵的源头。包包曲,俨然成为五粮液品质的代名词。其独特的制造工艺,神奇的酿酒功效,在五粮液辉煌的历史上,写下了浓墨重彩的一笔。

五粮液著名勾兑师范玉平工作中

刘沛龙总工程师向中越边界自卫反击战
归来的战斗英雄介绍五粮液

华罗庚题词

1984年交杯牌、长江大桥牌五粮液

规　　格 | 60%vol　500g 250g

参考价格 | RMB 50,000 / RMB 28,000

60%vol交杯牌五粮液500g装　　　　　　60%vol长江大桥牌五粮液250g装和包装盒

相关记事:

1984年8月，在第四届全国评酒会上，五粮液被中华人民共和国经济委员会和国家质量奖审定委员会评为"中国名酒"，获国家质量奖的金质奖章。

12月28日，宜宾地委组织部任命王国春为宜宾五粮液酒厂厂长。在五粮液不断发展壮大的过程中，王国春提出和推行了"质量效益""质量规模效益""质量规模效益和多元化发展""一业为主、多元发展"的四步战略，逐渐把仅900多人的一个作坊式酒厂打造成为中国最大的白酒制造企业，创造了"中国酒业帝国"。

王国春在任期间，五粮液共研制出科研成果100多项，其中1984年研究完成的"五粮液计算机勾兑专家系统研究"成果，获"国家中商部重大科研成果二等奖"。不仅填补国内空白，还开创了科学指导勾兑的新局面。

1984年，五粮液酒厂建成投产了三千吨的新车间。

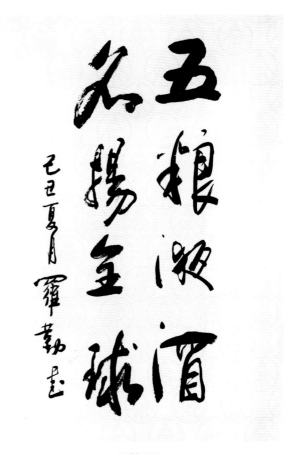

罗勤题词

1963年、1979年、1984年五粮液连续三次荣获国家名、优酒奖状展示

1984年麦穗瓶五粮液

规　　格 I 60%vol　500g

参考价格 I RMB 50,000

60%vol麦穗瓶五粮液500g装

相关记事：

1984 年生产的交杯牌鼓型瓶五粮液以 5 万元的价格于 2018 年 9 月 18 日在温州举行的五粮液珍品鉴藏拍卖会上被浙江一位嘉宾竞价拍得。

据介绍，此次五粮液公司奉献出了 1984 年的交杯牌鼓型瓶五粮液、1988 年的鼓型瓶五粮液、1994 年的铝盖晶质玻璃瓶五粮液、1997 年的塑盖晶质玻璃瓶五粮液、改革开放 40 周年纪念酒等 11 款五粮液产品，是五粮液在改革开放以来或国家盛事之际，推出的代表性经典产品。这些产品早已停产，是五粮液极为珍贵的"传家宝"。

1984年，五粮液获得国家质量奖金奖。

五粮液501酿酒车间

1984年出口长江大桥牌

规　　格 | 52%vol　500g

参考价格 | RMB 50,000

52%vol长江大桥牌五粮液500g装

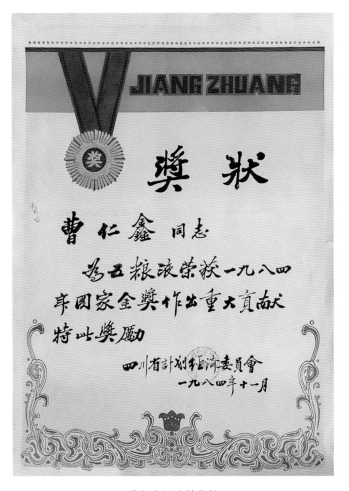

1975～1985年白标长江大桥牌五粮液注册图案

曹仁鑫同志的奖状

特征：

  白标长江大桥牌五粮液，自 1958 年开始生产，早期度数为 57°、60°，自 20 世纪 70 年代后期改为 52°，白标长江大桥牌五粮液，采用白色塑料盖，外套透明胶套，瓶型为白玻璃窄口鼓型瓶设计（俗称"萝卜瓶"）。无颈标，正标为白标烫金边，中间为行书字体"五粮液"3 字烫金，正标下部中英文对照"中华人民共和国""中国粮油食品进出口公司""湖北""四川省分公司"等字样，底部厂名为四川宜宾酒厂。125 克装白标长江大桥五粮液有平盖和凸盖两种设计（见 91 页右图）。

注册商标图案有：

1. 无"注册商标"字样，黑白版大桥。
2. 有"注册商标"字样，黑白版大桥。
3. 无"注册商标"字样，红色大桥。

出口标识

长江大桥五粮液（塑盖白标出口8种）

1975年60%vol长江大桥牌
五粮液500g装

1977年60%vol长江大桥牌
五粮液500g装

1978年60%vol长江大桥牌
五粮液500g装

1979年52
五粮

1984年52%vol长江大桥牌
五粮液500g装

1977年60%vol长江大桥牌
五粮液250g装

1977年52%vol
长江大桥牌五粮液
125g装（平盖）

1980年52%vol
长江大桥牌五粮液
125g装（凸盖）

第四章

1985～2004年

600年窖池　誉满神州

1985年交杯牌五粮液

规　　格丨60%vol　500g　125g

参考价格丨RMB 48,000／RMB 15,000

60%vol交杯牌五粮液500g装　　　　　　60%vol交杯牌五粮液125g装

1985年金质奖章和交杯牌五粮液包装礼盒125g装

相关记事：

　　1985 年，五粮液获得了商业部全国酒类评比的"金爵"第一金杯，又获得了四川省群众评选出的"牛年十佳产品"。

　　5 月，商业部同意宜宾五粮液酒厂扩建 3000 吨白酒年生产能力。

　　9 月 10 日，"五粮液低度酒开发"可行性研究项目上报国家科委星火计划项目。

　　11 月，在北京举行的"亚太地区国际博览会"上，五粮液系列酒深受国内外群众的好评。

　　1985 年，五粮液荣获"中国首届食品博览会金奖"。

　　1985 年，五粮液酒厂先后四次修订再版了《质量管理手册》，制定了各类质量管理制度和标准，包括部分高于国家标准的产品内控标准。酒厂由过去的经验型管理，转向规范化、制度化管理。

1985年交杯牌五粮液包装礼盒　　　　　　　1985年交杯牌五粮液包装礼盒

1985年麦穗瓶五粮液

规　　格 l 60%vol　500g　125g　50g

参考价格 l RMB 48,000／RMB 18,000／RMB 10,000

60%vol麦穗瓶五粮液500g装　　60%vol麦穗瓶五粮液125g装　　60%vol麦穗瓶五粮液50g装

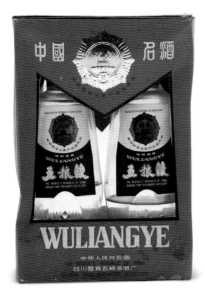

125g麦穗瓶五粮液精美包装盒

50g麦穗瓶五粮液精美包装盒

相关记事:

　　1985年，麦穗瓶五粮液的酒标开始发生变化，酒标上下两部分分割的区域开始用五粮液的首写字母"W"标识，出口企业也被简化为"四川宜宾五粮液酒厂"。

　　为了不断提高酿酒技术，五粮液酒厂在20世纪70年代初成立了科研室，1985年成立了科研所。"基础酒"经检验，按质分级分别储存，一年的储存期满后，勾兑人员要进行逐坛的感官尝评和理化分析，根据不同产品在质量和风格上的要求进行勾兑组合。五粮液股份有限公司采用了美国惠普、PE、日本岛津等气象色谱仪、原子吸收光谱仪及色谱质谱联用仪等现代分析仪器，对原酒分级、陈酿、勾兑操作等生产过程和产品质量进行全面控制，以保证消费者所喝到的每一瓶五粮液酒的品质、口感都是恒定而完美的。

特征:

　　优质（奖章）五粮液（1985～1987年），其颈标有"中国名酒"的字样，原有商标位置换成了"全国评酒会金奖（烫金）奖牌（优质奖章）"。商标两侧有"注册商标"的字样，瓶身上增挂了合格证。

　　交杯牌五粮液采用鼓型瓶，瓶底有独特的十字架标记符号凸纹。

《名酒之乡——宜宾》五粮液1985年宣传资料

1986年鼓型瓶五粮液

规　　格 | 60%vol 52%vol 39%vol　500g

参考价格 | RMB 46,000／RMB 46,000／RMB 18,000

60%vol鼓型瓶五粮液500g装　　　　52%vol鼓型瓶五粮液500g装　　　　39%vol鼓型瓶五粮液500g装

十世班禅主持盛大的祭礼庆典仪式举起五粮液酒祭天的情景

相关记事：

1982 年，中央同意十世班禅大师的请示，拨款 780 万元、黄金 108.85 公斤、白银 1000 公斤，修缮扎什伦布寺灵塔祀殿。

1986 年，藏历四月初四，祭祀庆典仪式在苍茫的雪山下，在信徒的簇拥中，十世班禅大师神色庄重，他右手举起鼓型瓶的五粮液酒，向着神山倾酒，引燃起一堆柏枝，照亮了神山下的人与路。十世班禅举起五粮液酒祭天的历史瞬间，已经永远地记载在五粮液的发展史册中。

1986 年，五粮液酒厂投资 2500 万元，开展了再次扩建江北厂区的工程，即"八五"扩建工程。

3 月 1 日，五粮液扩建工程正式动工。1988 年 6 月，全部建成并顺利投产。新增发酵池 1008 口，新增白酒年生产能力达到 3000 吨。

是年，时任四川省委书记杨汝岱视察酒厂，指示："提高产品质量，扩大生产能力，争创中国名酒"。

6 月，"五粮液系列低度酒开发"正式列为国家科委"星火计划"，由国家科委生物中心委托宜宾五粮液酒厂承办，同时签订"星火计划"项目合同。

6 月 30 日，宜宾五粮液酒厂决定从 1986 年 7 月 1 日起五粮液在原出厂价的基础上加价 20%。

7 月，宜宾地委组织部任命范玉平为五粮液酒厂总技师（副厂级）。

8 月以后，统一使用"五粮液"牌商标。

9 月，39°五粮液荣获"1986 年商业部优质产品"称号。

10 月，宜宾五粮液酒厂由科研所及基建指挥部开始筹建五粮液低度酒车间，年产五粮液低度酒可达 500 吨。

1986年麦穗瓶五粮液

规　　格 I 60%vol 52%vol 39%vol　500g

参考价格 I RMB 46,000 / RMB 46,000

60%vol麦穗瓶五粮液500g装　　　　　　　　52%vol麦穗瓶五粮液500g装和包装盒

五粮液包包曲

特征：

　　这一时期的五粮液在颈标有"中国名酒"的字样，商标的位置换成了"全国评酒会金奖（烫金）奖牌（优质奖章）"。在商标两侧有"注册商标"的字样，并且瓶身上增挂了合格证。

　　五粮液麦穗瓶的便携式包装分为 125 克、100 克、50 克三种。其中，125 克、100 克与 50 克相比，在外观上，除了瓶体较小之外，瓶盖和瓶身的相对比例也有着一定的区别。50 克五粮液麦穗瓶，是五粮液酒版收藏中的特殊品种，具有一定的收藏价值。

1986年麦穗瓶
五粮液酒版50g装

1986年麦穗瓶五粮液酒版50g装包装盒

1986年麦穗瓶五粮液酒版50g装

1987年鼓型瓶五粮液

规 格 Ι 52%vol 39%vol 500g

参考价格 Ι RMB 43,000 / RMB 16,000

52%vol塑盖烫金标鼓型瓶五粮液500g装　　　　39%vol塑盖烫金标鼓型瓶五粮液500g装

相关记事：

　　1987年3月，宜宾五粮液酒厂获宜宾地区行政公署1985～1987年度宜宾地区科学技术进步一等奖。

　　3月27日，宜宾地委组织部任命徐可强任五粮液酒厂党委委员、副书记，王国春任党委委员，刘沛龙任总工程师（副厂级）。

　　4月18日，宜宾五粮液酒厂购买防盗封口机等设备。

　　5月，39°五粮液荣获全国旅游者喜爱产品"金樽奖"，29°五粮液荣获"银樽奖"。

　　1987年，五粮液酒厂将名酒生产与酒文化有机融为一体，建立了具有自身特色的企业文化体系。工厂占地5.5平方公里，"十里酒城"由此而来。

1987年五粮液酒厂荣获"商业部质量管理奖"奖状

特征：

　　1987年鼓型瓶五粮液，封口采用白色塑料盖，外用透明酒精膜，颈标有"中国名酒"字样。正标有"优质"牌和"五谷"牌两种，

　　"五粮液"3字和五谷图案及边缘烫金，彰显豪华，度数和注册商标标注在中下部，正标底部为黄色，并有"四川省宜宾五粮液酒厂出品"字样。生产日期标注在正标背面，日期多为蓝色的阿拉伯数字，容量500克。

20世纪80年代五粮液制曲车间

1987年鼓型瓶五粮液

规　　格 l 60%vol 52%vol 39%vol　500g

参考价格 l RMB 43,000 / RMB 43,000

60%vol优质标鼓型瓶500g装　　　　　　　　52%vol优质标鼓型瓶五粮液500g装

五粮液成为奇迹的基石，便是粮食本身。

特征：

1987～1995年金属盖五粮液。自1987年1月1日开始，五粮液使用金属盖，按瓶型有鼓型瓶（俗称萝卜瓶）、麦穗瓶和豪华水晶瓶（俗称长城五粮液）。按度数有60°、52°、39°、29°；按瓶盖颜色有玫瑰金色、金黄色、腊黄色、亚光黄、油黄色。

1987年鼓型瓶5粮液有五种：

1. 金属盖采用日本贵弥功株式会社（NCC）生产的瓶盖，颜色为玫瑰金色，盖顶有五谷标识，盖顶外部有"中国名酒"中英文对照，正标为优质奖章标识，颈标为"中国名酒"，酒度60°，厂名为"四川省宜宾五粮液厂出品"。

2. 正标仅四边烫金，正标下部有52°标识，厂名改为"四川省宜宾五粮液酒厂"。

3. 正标烫金，正标为"优质"商标，无酒度标识，酒度60°。

4. 不同之处：正标采用烫金工艺，正标下部有52°标识。

5. 正标烫金，注册"五谷商标"标识，正标下部有39°标识。

1987～1989年，酒标烫金，有全款烫金和边缘烫金两种，故而特别受藏家追捧。

1987年麦穗瓶五粮液有高塑盖和日本贵弥功株式会社（NCC）生产的金属盖两种，颈标褐色，有"五粮液"3个字的大写拼音，正标设计为烫金五谷标识，上方有英、日文对照，五谷标识内分无"Y"和有"Y"字母两种，中部选用"W"红色厂标。酒度为52°、39°、29°。

五粮液金属瓶盖

五粮液金属盖细节图

1987年鼓型瓶五粮液

规　　格 I 60%vol 52%vol 39%vol　500g

参考价格 I RMB 43,000／RMB 43,000／RMB 18,000

60%vol烫金标鼓型瓶
五粮液500g装

52%vol金属盖烫金标鼓型瓶
五粮液500g装

39%vol金属盖烫金标鼓型瓶
五粮液500g装

相关记事:

　　"生香靠发酵，提香靠蒸馏，成型靠勾兑。"20世纪80年代，在范玉平的提议下，五粮液携手中国科学院自动化研究所共同开展微机勾兑技术攻关。这套研究的重点就是运用数字模型把人工勾兑的经验转化为知识库、数据库、模型库，借以形成一套完整的计算机勾兑专家系统。功夫不负有心人，在范玉平等人坚持不懈的努力下，1987年，"五粮液计算机勾兑专家系统"最终荣获商业部重大科技成果奖和科技进步奖，开创了我国白酒勾兑史上独一无二的人工勾兑和微机勾兑有机结合的"勾兑双绝"。

五粮液包装车间

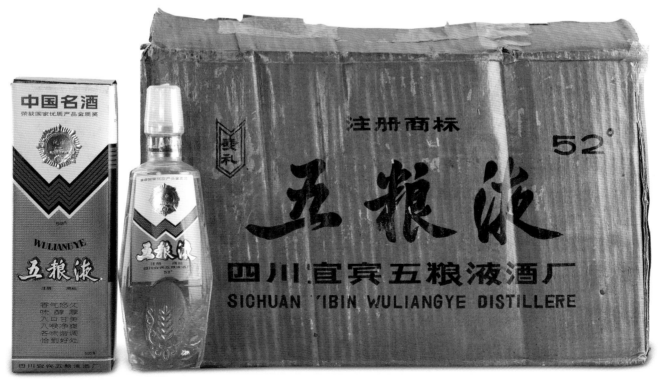

1987年52%vol麦穗瓶五粮液（10瓶装）

1987年麦穗瓶五粮液

规　　格 I 52%vol 39%vol 29%vol　500g

参考价格 I RMB 45,000 / RMB 18,000 / RMB 45,000

52%vol麦穗瓶五粮液500g装（塑盖）　　29%vol麦穗瓶五粮液500g装（塑盖）　　52%vol麦穗瓶五粮液500g装（铁盖）

60%vol五粮液125g双瓶装礼盒　　　　　　　　60%vol/39%vol五粮液125g双瓶装礼盒

相关记事:

1987 年 9 月,五粮液系列纸盒包装设计在全国商业供销系统包装评比中,获国家商业部颁发的一等奖。

12 月,五粮液酒厂荣获 1987 年度商业部"质量管理奖",五粮液(威士忌)荣获"中国出口名特产品金奖"。

五粮液(39°)被四川省计划经济委员会授予"优质产品"称号。

是年,五粮液(39°、29°)经四川省食品工业协会第三届二次白酒评审被分别授予"优秀产品"和"优质产品"称号,获中国旅游报社、中国优质白酒精品推荐委员会"旅游者喜爱的低度白酒"银奖和铜奖。

五粮液酒厂深化全面质量管理十周年纪念暨总结表彰大会

1987年麦穗瓶五粮液

规　　格 I 60%vol 52%vol　125g 100g 50g

参考价格 I RMB 18,000 / RMB 18,000 / RMB 8,000

60%vol麦穗瓶五粮液125g装　　　　52%vol麦穗瓶五粮液100g装　　　　60%vol麦穗瓶五粮液50g装

麦穗瓶五粮液酒版50g装

酒版50g装（4包装）

品评要点：

    饮酒的美感是对酒这一物质审美特性的反映，不同的酒有着不同的审美特性和美感表现，因而人们对美酒就有不同的感受。有人以香郁为美酒，有人以浓烈为美酒，有人以甜淡为美酒，又有人以甘醇为美酒。审美有差异性，也有共性。在共性上，自古以来人们习惯用"烈、甘、清、辣、甜、香、醇"七味来评判美酒，而五粮液，恰恰就具有这种"和谐美"的特性。

20世纪80年代五粮液宣传资料

1988年鼓型瓶五粮液

规　　格 I 60%vol　500g　250g

参考价格 I RMB 42,000／RMB 23,000／RMB 23,000

60%vol鼓型瓶五粮液500g装　　　60%vol鼓型瓶五粮液250g装　　　60%vol烫金标鼓型瓶五粮液250g装

相关记事：

1988 年，五粮液获得我国第一张产品质量认证书，并获国家金质奖章。

5 月，在"熊猫杯"全国营养食品研评会上，39°五粮液荣获"新产品开发特别奖"。

6 月，五粮液江北厂区顺利投产，新增发酵池 1008 口，新增白酒产能 3000 吨/年。至此，江北新区年产 6000 吨白酒的生产能力形成。

7 月，低度五粮液酒在全国首届"紫薇杯低度白酒大赛"中荣获特等奖。

250g 单瓶装　　　　　　　250g 双瓶装

8 月，五粮液酒厂抓住香港举办第六届"国际食品展"的机会，决定再次走出国门，重返国际舞台。在这届"香港国际食品展"上，五粮液获得酒类产品及酒类最佳厂商两个最高奖——国际金龙奖，五粮液就此在国际舞台上展露了自己的新形象。

10 月，五粮液在首届中国酒文化节上被评为"中国文化名酒"；五粮液系列低度酒荣获全国"星火计划"成果展览交易会金奖。

12 月，60°、52°、39°五粮液，荣获大曲浓香国家金质奖。

1988 年 52%vol 鼓瓶五粮液（出口 20 瓶装）

1988年鼓型瓶五粮液

规　　格 | 60%vol 52%vol　500g

参考价格 | RMB 42,000／RMB 42,000／RMB 42,000

60%vol鼓型瓶五粮液500g装　　　　52%vol鼓型瓶五粮液500g装　　　　52%vol鼓型瓶五粮液500g装

五粮液质量检测中心

五粮液的宣传招贴

相关记事：

　　1988 年，军人转业的徐可强进入五粮液酒厂，担任五粮液经营副厂长。在之后五粮液高速发展的十几年中，他一直担任"市场总指挥"的角色，与五粮液集团董事长王国春一起，带领五粮液成为中国白酒领军企业。

20世纪80年代后期，鼓型瓶五粮液包装盒。

1988年鼓型瓶五粮液

规　　格 I 60%vol　500g 250g
参考价格 I RMB 42,000 / RMB 25,000

60%vol金属盖对称标鼓型瓶五粮液500g装　　　　60%vol塑料盖对称标鼓型瓶五粮液250g装

相关记事：

1988 年，五粮液获得我国第一张产品质量认证证书，并获国家金质奖章。

"高粱产酒清香味正，糯米产酒纯甜味浓，大米产酒醇和甘香，玉米产酒味含冲香，小麦产酒曲香悠长。"千百年来，勤劳聪慧的先祖们早已通过漫长的实践过程，将各种粮食与酒的作用进行了精妙准确的总结，让后人受益匪浅。

五粮液采用 5 种粮食为原料，形成了综合 5 种粮食酒风格的、独特的五粮风味和口感，使五粮液酒恰到好处地融合了各种特色，其"香气悠久，味醇厚，入口甘美，入喉净爽，各味谐调，恰到好处"的独特风格，特别适合广大中国人的饮食文化习惯。

1988年，在香港第六届国际食品博览会上，
五粮液获得的金龙奖及企业最高奖杯。

1988年在全国同行业中首获国家级产品质量认证合格证书和方圆标志。同年，获商业部"质量管理奖"
（图为公司领导向地委、行署领导报喜的情景）。

1988年麦穗瓶、鼓型瓶五粮液

规　　格 | 52%vol　500g

参考价格 | RMB 43,000／RMB 42,000／RMB 42,000

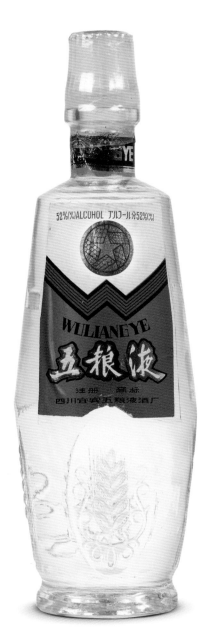  

52%vol麦穗瓶五粮液500g装　　　　　52%vol鼓型瓶五粮液500g装　　　　　52%vol鼓型瓶五粮液500g装
　　　1988年4月3日　　　　　　　　　　　1988年4月3日

五粮液瓶盖细图（1988年）　　　　　　　　　五粮液瓶盖细图（1988年）

特征：

1988年鼓型瓶五粮液有7种：

1. 沿用1987年白塑料盖，注册商标为"优质"商标，烫金边，酒度60°。

2. 金属盖为金黄色，颈标有"中国名酒"字样。正标烫金边，"优质"商标。底部有"四川省宜宾五粮液酒厂出品"，酒度60°。

3. 金属盖为金黄色，颈标有"中国名酒"字样。正标烫金边，"优质"商标。底部有"四川省宜宾五粮液酒厂出品"，酒度52°。

4. 出口日本五粮液，金黄色瓶盖，盖顶部五谷标识内无"Y"，顶部五谷外有五粮液和拼音字母对照。颈标有"五粮液"字样，颈标和正标烫金边，五谷标识，五星内空白无"Y"，左右日文、英文标识清晰。酒度52°。

5. 出口日本五粮液金黄色瓶盖，颈标有"五粮液"字样，颈标和正标烫金边，五谷标识，五星内无"Y"，左右英文、日文标识清晰，酒度52°。

6. 明显区别在于，五谷标识五星内有"Y"字母。

7. 对称标五粮液（又称平衡标），颈标有"中国名酒"字样，因正标下端五谷设计为左右对称而得名。酒度60°，瓶底有"五粮液酒厂"字样。

1988年8月至1989年9月麦穗瓶五粮液与之前不同之处：烫金五谷标五星内有"Y"字母，酒度有52°和39°。

五粮液制曲车间工人制曲

1988年麦穗瓶五粮液

规　　格 | 39%vol 52%vol　500g

参考价格 | RMB 26,000／RMB 43,000

39%vol麦穗瓶五粮液500g装　　　　52%vol麦穗瓶五粮液500g装　　　　500g包装礼盒

20世纪80年代五粮液酒厂产品50g套装

20世纪80年代五粮液酒厂产品50g套装包装盒

相关记事：

1988年7月，60°、52°、39°五粮液经国家技术监督局审定批准，为国家级认证产品，许可使用国家级合格认证标志。

10月10日五粮液在首届中国酒文化节上被评为"中国文化名酒"。

12月，60°、52°、39°五粮液，荣获大曲浓香国家金质奖。

五粮液（52°）、尖庄（39°）经中华人民共和国商业部批准荣获"商业部系统优质产品"称号。

12月，60°、52°、39°五粮液、54°尖庄，荣获"中国食品名、特、优、新产品博览会"金奖。

是年，宜宾五粮液酒厂企业质量管理荣获商业部颁发的"质量管理奖"。

是年，宜宾五粮液酒厂在1988年度，完成出口创汇任务，被宜宾地区行政公署评为"出口创汇先进单位"。

特征：

1988年麦穗瓶W标五粮液，独特的麦穗酒标中，使用了带"W"字的五粮液标志，自此一直沿用至1992年3月，极具收藏价值。

1988年双圈麦穗瓶五粮液瓶盖

1988年单圈麦穗瓶五粮液瓶盖

1989年五粮液寿星（出口）

规　　格 | 39%vol　500ml

参考价格 | RMB 185,000／RMB 183,000

39%vol出口长盖寿星五粮液500ml装（螺旋盖）　　　　　39%vol出口短盖寿星五粮液500ml装（内塞盖）

相关记事：

1989 年，五粮液酒厂推出 52°寿星瓶装五粮液，用于外销，包装首次使用繁体字。寿星形象使得五粮液更具有传统文化色彩，寄托了对美好事物的向往，存世量稀少，属收藏之佳品。

寿星又称南极老人星，星名，古代神话中的长寿之神。也是道教中的神仙，本为恒星名，为福、禄、寿三星之一。秦始皇统一天下后，在长安附近杜县建寿星祠。后寿星演变成仙人名称。《警世通言》有"福、禄、寿三星度世"的神话故事。画像中寿星为白须老翁，持杖，额部隆起。古人作长寿老人的象征。常衬托以鹿、鹤、仙桃等，象征长寿。代表祝大家福如东海长流水，寿比南山不老松，南海若知德如此，青山不老春长存。

全国政协委员、书法家魏传统题词   出口寿星五粮液包装盒

1989年五粮液熊猫（出口）

规　　格 | 39%vol　500ml

参考价格 | RMB 185,000

39%vol出口熊猫五粮液500ml装

相关记事：

1989 年，国宝熊猫瓶装五粮液现世，不仅酒质上乘，更兼包装独特，首次将篆书应用于包装。国宝级的熊猫和五粮液完美结合，更显五粮液的古朴优雅和浓厚的文化氛围，得到了市场的高度认可。熊猫瓶装五粮液代表四川，代表祖国，走出国门，香飘五洲，名扬四海。

随着我国同世界各国人民日益广泛的友好往来，大熊猫作为友好使者，频频出访，轰动了全世界，许多国家以能够获得中国政府所赠送的大熊猫为殊荣。大熊猫之所以珍贵，不仅因为它体态可爱，数量稀少，更重要的是，它是有着 300 万年历史的古老动物，对科学工作者研究古代哺乳动物具有珍贵的价值。化石研究表明，大熊猫几百万年来的形态构造变化不大，现今的大熊猫仍然保留着许多原始的特征。因此，大熊猫有着"活化石"之称。

出口熊猫五粮液包装盒

张爱萍题词

1989年五粮液

规　　格 I 60%vol 52%vol 39%vol　500ml

参考价格 I RMB 41,000／RMB 41,000／RMB 18,000

60%vol对称标鼓型瓶五粮液500ml装　　　52%vol鼓型瓶五粮液500ml装　　　39%vol鼓型瓶五粮液500ml装

相关记事：

1989 年，市场放开后的五粮液在全国售价每瓶 95 元。

1989 年，60°、52°、39°五粮液在全国第五届白酒评比会上获得国家优质产品金质奖，也是第四次蝉联"中国名酒"称号。

特征：

1989 年鼓型瓶五粮液有 6 种：

1. 和 1988 年出口日本五粮液区别在于正标没有烫金边，酒度 52°。

2. 正标烫金边，"优质"商标，酒度 52°，右上角加贴"500ml"标识。

3. 对称标五粮液，酒度在背标，并有执行标准、厂址、电话等信息，正标右上角加贴"500ml"标识，酒度 60°。

4. 与其他五瓶相比较不同之处在于，注册商标下边印有"500ml"酒度 52°，其他相同。1989 年 6 月份之后，出口日本鼓型瓶、麦穗瓶五粮液右上角加贴"500ml"标贴，或正标背面印有"500ml"字样。日期有黑色和蓝色两种。

5. 出口日本五粮液正标右上角加贴"500ml"标识，酒度 39°。

6. 正标烫金边，"优质"商标，右上角加贴"500ml"，背标有"39°"标识。

五粮液酿造车间工作场景

1989年鼓型瓶五粮液

规　　　格 I 52%vol 39%vol　500g 500ml

参考价格 I RMB 41,000 ／ RMB 41,000 ／ RMB 18,000

52%vol鼓型瓶五粮液500g装　　　　52%vol鼓型瓶五粮液500ml装　　　　39%vol鼓型瓶五粮液500ml装

相关记事：

1989 年 1 月，在"冰雪杯"全国酒类总汇组织委员会上，五粮液荣获"1989 年首届冰雪杯全国酒类总汇特别金奖"。

5 月 15 日，五粮液系列酒在四川省连续三年的质量监督抽查中都为合格产品，被通报表彰。

5 月，宜宾五粮液酒厂的科技工作荣获"1989 年度四川省星火奖二等奖"。

6 月 30 日，宜宾五粮液酒厂经国家商业部审定批准为国家节约能源二级企业。

9 月，宜宾五粮液酒厂企业管理荣获中国财贸工会全国委员会、国家商业部颁发的"全国商业先进企业"称号。

12 月，在国家商业部第三届酒类评选认定中，60°、52°、39°五粮液齐登榜首，荣获"金爵奖"；在日本关西国际食品展酒会上，五粮液获得"金质奖"。

五粮液储酒库

1989年麦穗瓶五粮液

规　　格 | 52%vol 39%vol　500ml

参考价格 | RMB 42,000 / RMB 42,000 / RMB 42,000 / RMB 20,000

52%vol麦穗瓶500ml装　　　39%vol麦穗瓶500ml装　　　52%vol麦穗瓶500ml装　　　39%vol麦穗瓶500ml装

侯开嘉 书

相关记事：

侯开嘉曾经在五粮液酒厂工会任职，是一位不苟同潮流、不弃率真，敢于独出心裁、标新立异、别具匠心的书法家。他推出的侯氏破体篆隶书法艺术，引起了书法界的关注。侯开嘉确认，"五粮液"酒名是他书写，但时间不是1972年，而是20世纪80年代。"五粮液"3字是当时为改换同名印刷字体的商标而写。

特征：

1989年麦穗瓶W标五粮液有4种：

1. 出口双圈52°，正标上部英文、日文对照，五谷标识，中部以"W"分割，"五粮液"3字凹凸感明显。底部有"注册商标"和"四川宜宾五粮液酒厂"字样。

2. 出口双圈39°，和上一品种区别在于注册商标，中间添加"500ml"容量标识。

3. 出口双圈52°，此品种为1989年11月份左右生产，正标右上角加贴"500ml"容量标识。

4. 双圈39°，此酒为国内销售，"优质"商标，正标有"中国名酒"字样，"W"下部中间有"R"注册商标标识，底部有"39°，500ml"和"四川宜宾五粮液酒厂"字样。

20世纪80年代末期，五粮液酒厂大门。

1989年五粮液（褐标、黄标出口）

规　　格｜60%vol 39%vol　500ml

参考价格｜RMB 210,000／RMB 80,000／RMB 180,000

60%vol褐标五粮液500ml装　　　　　39%vol褐标五粮液500ml装　　　　　39%vol黄标五粮液500ml装

五粮液的传说（税关键 绘）

相关记事：

1989 年，在日本关西国际食品展酒会上，五粮液获得"金质奖"。

是年，在刘沛龙"五粮液勾兑技术研究"项目基础上，衍生出新的项目"五粮液酒计算机勾兑专家系统"，获得了中华人民共和国商业部颁发的"1989 年商业系统科学技术进步二等奖"，五粮液酒厂获商业部颁发"商业科学技术工作重大成果奖"。

1989 年，刘友金主持研发了"沸点量水（FL）"项目，在全国浓香型白酒行业中率先优化酿酒量水的系统参数，进一步促进了五粮液酒的浓甜、醇香、醇和、醇正，提高了五粮液酒的优质品率。该项目运用于公司酿酒生产后，当年就使五粮液优质品率增长 8.4%，新增经济效益 1426 万元，并获全国质量控制（QC）成果奖、宜宾地区科技进步一等奖。该项目以"刘友金小组"命名，获"全国优秀质量管理小组"（1991 年）称号，在全国各浓香型白酒厂得到推广。

五粮液包装盒内置真丝手绢

出口五粮液包装盒

1990年鼓型瓶五粮液

规　　格 | 60%vol 52%vol　500ml

参考价格 | RMB 38,000 / RMB 38,000 / RMB 36,000

60%vol对称标鼓型瓶五粮液500ml装　　52%vol对称标鼓型瓶五粮液500ml装　　52%vol鼓型瓶五粮液500ml装

1990年五粮液双圈瓶盖　　1990年五粮液单圈瓶盖

五粮液获得"1990年国家质量管理奖"

相关记事：

1990 年，五粮液酒厂年产酒量达到一万多吨。

4 月 28 日，"五粮液酒计算机勾兑专家系统项目"被国家科学技术委员会评为"全国首届科技贷款成果展览会金箭银奖"。

9 月 7 日，宜宾五粮液酒厂包装中心工程全面竣工验收。

9 月 27 日，宜宾五粮液酒厂质量管理经国家质量奖审定委员会、国家技术监督局、中国质量管理协会批准，被授予"1990 年国家质量管理奖"。

特征：

1990 年鼓型瓶五粮液有 8 种，分别是 60°双圈对称标、39°双圈对称标、60°单圈对称标、52°双圈优质、52°单圈、41°单圈、39°单圈、29°单圈。

五粮液501酿酒车间

1990年鼓型瓶五粮液

规　　格 | 41%vol 39%vol　500ml

参考价格 | RMB 40,000 / RMB 16,000

41%vol鼓型瓶五粮液500ml装　　　　　　39%vol鼓型瓶五粮液500ml装

相关记事：

1990 年 10 月 29 日，宜宾五粮液酒厂荣获 1990 年度"省级先进企业"复查合格证。同月，宜宾五粮液酒厂计量管理荣获"二级计量合格证"。同月，范玉平被评为"全国劳动模范"，奖励晋升一级工资。

1990 年，五粮液以过硬的质量管理在同行业中首家获得国家质量管理奖，是当时的最高荣誉。

是年，五粮液系列酒在泰国国际酒类博览会上获得"金质奖"。

是年，五粮液酒厂已发展成为年产万吨以上的大型名酒生产企业，生产场地由城区旧址扩展到宜宾南岸青草坝、上江北学堂坡、红庙子等地，总占地面积 34 万多平方米，窖池 1300 余口。

宜宾五粮液酒厂在 1986 ～ 1990 年的科技工作中荣获"推进企业技术进步奖"。

52%vol出口单圈五粮液375ml装　　　52%vol出口单圈五粮液375ml装　　　52%vol出口五粮液375ml装包装盒

1990年麦穗瓶五粮液

规　　格 I 60%vol 52%vol 39%vol　500ml

参考价格 I RMB 38,000／RMB 38,000／RMB 38,000

60%vol麦穗瓶五粮液500ml装和包装盒

品评要点：

　　品饮五粮液，有人称之为审美五部曲：一是将酒倒入杯中，看其色泽，欣赏它那玉液琼浆般的体态美；二是端着酒杯闻一闻，享受其芳香扑鼻的气氛美；三是浅呷一口，不忙下咽，慢咀细抿，使酒液满布舌面，使每个味蕾都领略到它那香酥醇甘的味道美；四是慢慢下吞，入喉时净爽如珠，满口留香，味道悠长；五是继续雅酌，就会从"一滴沾唇满口香"的器官感觉阶段，升华到"三杯入腹浑身爽"的陶然境界。五粮液集五种粮食之精英，含有多种散发芳香的微量成分，其味香、浓、甜、净、爽，味觉层次全面而丰富，谐调地调动了人的各种感觉器官（眼、鼻、舌、喉……），所以能形成一个完美的整体印象。

特征：

　　内销麦穗瓶五粮液三种：一种在正标中部"优质"商标下方加盖"500ml"和"52°"标识；一种麦穗瓶五粮液正标底部印有"52°"和"500ml"字样，日期为蓝色。

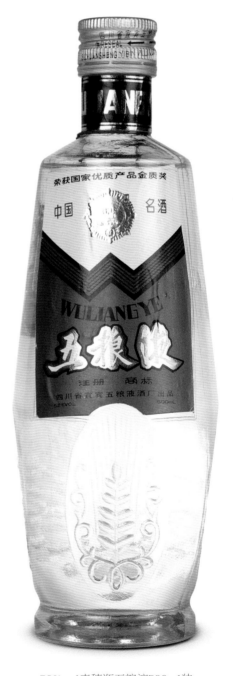

60％vol麦穗瓶五粮液500ml装　　　　　　　52％vol麦穗瓶五粮液500ml装

1990年五粮液（黄标、黑标出口）

规　　格 I 52%vol　500ml

参考价格 I RMB 180,000／RMB 160,000

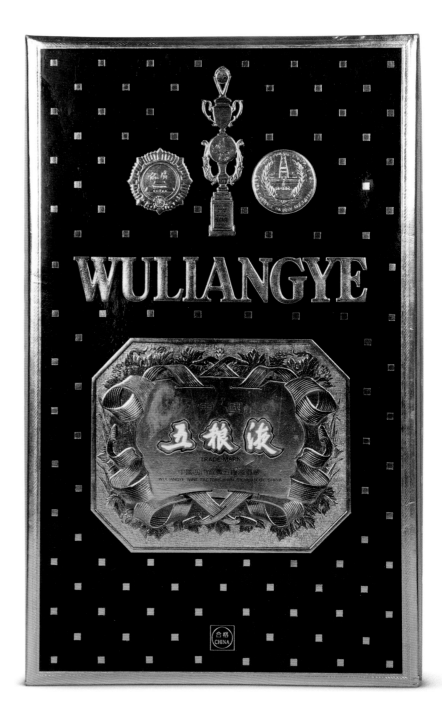

1990年8月01日52%vol黄标五粮液500ml装和包装盒

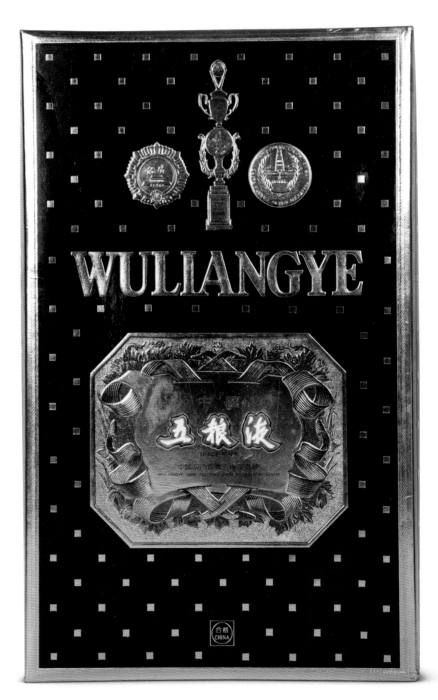

52%vol黑标五粮液500ml装和包装盒

1991年鼓型瓶五粮液

规　　格 I 52%vol 39%vol 29%vol　500ml

参考价格 I RMB 35,000／RMB 13,000／RMB 12,000

52%vol鼓型瓶五粮液500ml装　　　　39%vol鼓型瓶五粮液500ml装　　　　29%vol鼓型瓶五粮液500ml装

1990~1992年五粮液瓶盖   1991年五粮液获得"中国驰名商标"

相关记事：

1991年，王国春被评为国家有突出贡献的中青年专家。此后的数年间，王国春先后荣获全国"五一劳动奖章"、享受国务院政府特殊津贴专家、全国劳动模范称号等诸多荣誉。

1991年，刘友金在"国际白酒论坛"发表了有关五粮液的传统工艺及其特点专业论文《浅议五粮液生产工艺特点》，首提"包包曲""中温曲发酵过程也有高温区"等观点。该论文1993年4月在《四川食品》发表后，在全国反映很好，泸州老窖、沱牌酒厂等也改原平板曲为"包包曲"。

1991年，在全国第一次开展的"中国十大驰名商标"评比中，五粮液商标荣获"十大驰名商标"称号。

5月，在保加利亚荣获国际金奖后，在首届中华国产精品展销会消费者评选"羊年杯"活动中，被评为特级金奖。

1991年，五粮液包装车间。

1991年长江大桥牌五粮液（白标 出口）

规　　格 | 52%vol　375ml　500ml

参考价格 | RMB 53,000／RMB 38,000

52%vol长江大桥牌五粮液375ml装　　　　　　　　1991年出口52%vol长江大桥牌五粮液500ml装和包装盒

1991年52%vol五粮液500ml装包装盒　　1991年52%vol五粮液500ml装包装盒　　1991年52%vol五粮液500ml装包装盒

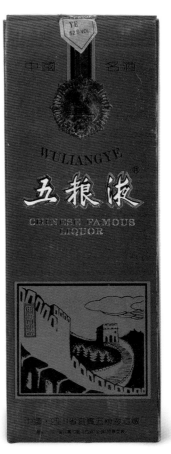

1991年52%vol
五粮液500ml装包装盒

1992年出口52%vol长江大桥牌
五粮液500ml装包装盒

1992年52%vol
五粮液500ml装包装盒

1991年五粮液（黑标）

规　　格 l 39%vol 29%vol　500ml

参考价格 l RMB 35,000／RMB 30,000

39%vol五粮液500ml装

29%vol五粮液500ml装

黑标52%vol、黑标39%vol、黑标29%vol、红52%vol、
红标39%vol、黄标52%vol五粮液500ml装包装盒

相关记事：

1991 年 1 月 12 日，宜宾五粮液酒厂"五粮液"牌注册商标荣获"全国十大驰名商标"称号。

6 月 6 日，宜宾五粮液酒厂生产 52°550 毫升"五粮液五线"豪华礼盒，500 毫升"亚洲威士忌玻瓶"系列礼盒，52°550 毫升"五粮液丰收彩带"豪华系列礼品盒，500 毫升、350 毫升"五粮液鼓瓶玻瓶"系列礼盒。

7 月 13 日，宜宾五粮液酒厂 39°、52°、60°五粮液获国家优质食品"金质奖"；"尖庄"牌 52°、60°曲酒获省、部级"优质产品"称号。

9 月，五粮液荣获德国莱比锡"国际博览会金奖"。

10 月，在国家质量奖审定委员会上，经委员会审定，五粮液（52°、29°）均荣获"金质奖章"。

11 月 7 日，宜宾五粮液酒厂接收圆明园、贵妃酒酒厂。兼并后成为 515 车间，11 月 14 日成立"国营五一五厂"。

11 月 8 日，五粮液酒厂参加保加利亚普罗夫迪夫春季国际博览会，荣获"国际优质产品金质奖"。

12 月，60°、52°、39°五粮液在中国国产精品推展会上荣获首届消费者评选"羊年杯"国产精品活动"特级金奖"。

60%vol麦穗瓶500g、500ml装

60%vol麦穗瓶500ml装

52%vol麦穗瓶500ml装

52%vol鼓型瓶500ml装

39%vol鼓型瓶500g装

52%vol白标鼓型瓶500ml装

52%vol白标鼓型瓶375ml装

52%vol鼓型瓶500ml装

1992年鼓型瓶五粮液

规　　格 | 29%vol 52%vol　500ml 375ml

参考价格 | RMB 18,000／RMB 33,000／RMB 40,000

1990~1992年彩印
五谷标金属瓶盖

1992~1994年彩印
集团标金属瓶盖

29%vol鼓型瓶五粮液500ml装　　　　52%vol鼓型瓶五粮液500ml装　　　　52%vol鼓型瓶五粮液375ml装

  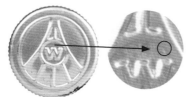 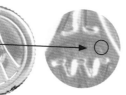 

1991~1992年雕刻版 五谷标金属瓶盖	1992年冲压版 集团标金属瓶盖	1993~1995年冲压版 集团标金属瓶盖	1993年10月1日 激光光刻厂徽图案	1994年 紫光防伪标识

相关记事:

五粮液集团的标徽,王国春总裁 1992 年设计。标徽的红色象征红红火火,大圆象征地球,意为五粮液产品誉满全球;"W"是五粮液"五"字的拼音开头字母,它在同心圆当中,意为五粮液人心系五粮液,同心同德;五根线表示五种粮食升华成五粮液,也象征集团蒸蒸日上。用一句精辟的话概括:内外同心,集杂成醇。

集杂成醇有两个含义:一是五粮液是用五种杂粮酿成的醇香的美酒,二是做人也是这个道理,先做杂家,然后才能成为专家。

1992 年 2 月,五粮液参加美国纽约举行的首届美国国际酒类博览会,荣获"国际金奖"。

5 月,五粮液参加意大利波伦亚举办的国际贸易博览会,荣获金奖。

6 月,宜宾五粮液酒厂被驰名商标保护工作委员会评为"驰名商标保护组织成员单位"。

7 月,在京城酒文化节,经过 47 年的全国市场调查,五粮液被认定为全国畅销商品。

特征:

1990 年下半年之后,单圈五粮液标识变化不大。直到 1992 年 2 月份之后,瓶盖由单圈变成五粮液集团标,正标也由单一度数、容量改为度数、容量、执行标准和配料等内容。

五粮液501酿酒车间

1992年长江大桥牌五粮液（白标 出口）

规　　格 I 52%vol　750ml 500ml 375ml

参考价格 I RMB 168,000／RMB 38,000／RMB 52,000

52%vol长江大桥牌五粮液750ml装　　　52%vol长江大桥牌五粮液500ml装　　　52%vol长江大桥牌五粮液375ml装

52%vol长江大桥牌五粮液750ml装背标　　　52%vol五粮液375ml装背标　　　52%vol鼓型瓶出口五粮液500ml装背标

相关记事:

　　1992 年 9 月，"五粮液"牌五粮液（大曲浓香 60°、52°、39°）荣获"中国名优酒博览会金奖"。

　　10 月，宜宾五粮液酒厂职工、党员范国琼当选中共十四大代表。国务院为表彰酿酒工程师刘沛龙在发展我国技术事业中做出的突出贡献，发放政府特殊津贴，每月 100 元。

　　10 月，在法国巴黎"第十五届国际食品博览会"上，五粮液荣获金奖。

　　11 月，国际酒文化研讨会在宜宾召开，五粮液酒厂被评为"全国名优产品售后服务最佳企业"。

　　12 月 17 日，宜宾五粮液酒厂被商业部评为"商办工业经济效益十佳企业"。

特征:

　　1991 年～ 1993 年出口鼓型瓶白标五粮液，注册商标为"长江大桥"牌，烫金边，正标下部有"四川省粮油食品进出口公司 · 中国 · 四川"字样，容量有 750 毫升、500 毫升、375 毫升。

1992年52%vol长江大桥牌　　1990~1991年52%vol长江大桥牌　　1992年52%vol长江大桥牌　　1992年52%vol鼓型瓶出口
五粮液750ml装包装盒　　　五粮液375ml装包装盒　　　　五粮液375ml装包装盒　　　五粮液500ml装韩国制造包装盒

长江大桥五粮液（铁盖白标出口8种）

1992年8月25日52%vol
长江大桥牌五粮液
750ml装（无背标）

1992年8月26日52%vol
长江大桥牌五粮液
750ml装（有背标）

1991年52%vol
长江大桥牌五粮液
500ml装（五谷瓶盖）

1993年52%vol
长江大桥牌五粮液
500ml装（集团标瓶

1993年39%vol
长江大桥五粮液500ml装
（集团标瓶盖）

1990年52%vol
长江大桥五粮液375ml装
（五谷瓶盖、无颈标）

1991年52%vol
长江大桥牌五粮液375ml装
（五谷瓶盖、无颈标、有背标）

1992年52%vol
长江大桥牌五粮液375ml装
（集团瓶盖、有背标）

1992年长城五粮液

规　　格 l 52%vol 39%vol　500ml

参考价格 l RMB 28,000／RMB 28,000／RMB 28,000／RMB 16,000

52%vol五谷瓶盖、五谷
金属标500ml装（度数、
容量在正标，瓶后第一代
五粮刻花工艺）

52%vol集团标瓶盖、五谷
金属标500ml装（度数、
容量、配料在正标，瓶后
第二代五粮刻花工艺）

52%vol五谷瓶盖、五谷
金属标500ml装（度数、
容量在颈标，瓶后第一代
五粮刻花工艺）

39%vol五谷瓶盖、五谷
金属标500ml装（度数、
容量在正标，瓶后第一代
五粮刻花工艺）

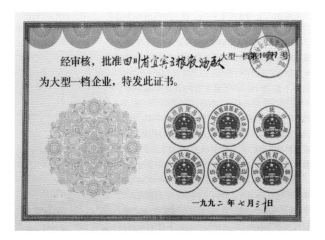

五粮液酿造车间 　　　　　　　　　　　　　　　"四川省宜宾五粮液酒厂大型一档企业"证书

相关记事:

1992 年 12 月,在俄罗斯圣彼得堡"首届圣诞节国际日用消费品博览会"上,五粮液荣获特别金奖。

1992 年,五粮液酒厂直接出口五粮液及系列酒 100 多吨,创汇 128 万美元。荣获国家统计局"1992 年利税总额行业排序十强企业"称号。

是年,五粮液被批准为"四川省宜宾五粮液酒厂大型一档企业"证书。

是年,29°、25°低度五粮液,获"金奖"证书。

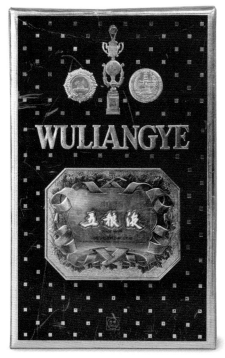

1992年52％vol豪华水晶玻璃瓶五粮液 500ml装包装盒(带酒杯套装) 　　1992年52％vol豪华水晶玻璃瓶五粮液500ml装包装盒 　　1992年52％vol豪华水晶玻璃瓶五粮液500ml装包装盒 　　1992年52％vol晶质长城五粮液500ml装包装盒

1992年长城五粮液

规　　格 I 52%vol 39%vol　500ml

参考价格 I RMB 28,000／RMB 28,000／RMB 16,000／RMB 16,000

52%vol五谷瓶盖、五谷
金属标500ml装（度数、
容量在颈标，瓶后第二代
五粮刻花工艺）

52%vol五谷瓶盖、五谷
金属标（黑色）500ml装
（度数、容量在颈标，瓶
后第一代五粮刻花工艺）

39%vol五谷瓶盖、五谷
金属标500ml装（度数、
容量在颈标，瓶后第一代
五粮刻花工艺）

39%vol集团瓶盖、集团
标500ml装（度数、容
量在颈标，瓶后第二代
五粮刻花工艺）

中国名酒六朵金花套装

豪华水晶玻璃瓶五粮液特征:

豪华水晶玻璃瓶成型于1992年,俗称长城五粮液。采用红纸盒包装,盒子四周设计长城图案,金属盖亚光黄。中间集团标黄褐色粘连物明显,"优质"商标,左右有容量和酒精度。正标下部印有"中国 · 四川省宜宾五粮液酒厂出品"繁体字,瓶子后面有五粮刻花。

1992~1995年为铝盖长城五粮液。1995年以后,铝盖改为红色塑料盖,称为塑料盖长城五粮液。这种盖子为防回灌式,酒水只能出不能进,起到了防再次利用的防伪功能。

铝盖颜色很正,用料上乘,做工比较精细,不会出现盖子变形、掉漆之类的问题,盖子压口痕迹非常均匀严实,不会出现密封不严。大标的印刷非常精细,无偏色、套色现象。白色的"五粮液"3个字有凹凸感。另外,生产日期只有一种蓝色。

五粮液酿酒车间工作场景

1993年鼓型瓶五粮液

规　　格 I 52%vol　750ml 500ml 375ml

参考价格 I RMB 128,000 / RMB 30,000 / RMB 50,000

52%vol鼓型瓶五粮液750ml装　　　52%vol鼓型瓶五粮液500ml装　　　52%vol鼓型瓶五粮液375ml装

相关记事:

1993 年，确立了五粮液在中国白酒行业"龙头老大"的地位。酒厂园区中的巨大五粮液雕塑，正是使用的鼓型瓶，并被上海大世界吉尼斯世界纪录所认可。

1993 年，五粮液酒厂首次荣获全国"五一劳动奖章"。

1993 年，工厂完成"计算机网络信息管理工程系统"的开发应用，进一步提高了工厂现代化管理水平和能力，处于同行业领先水平。

是年，五粮液酒厂在开始决定开发高档次的五粮液珍品。3 月份成立了由厂长王国春任组长、总工程师刘沛龙任副组长，同时由 506 车间范国琼等人共同组成的珍品五粮液科研技术开发课题组。为了保证高档酒"珍品五粮液"的质量，课题组成员将可能影响酒质量的各方面因素都考虑周全，并对样品进行 20 种不同项目实验。

特征:

1993 年出口美国鼓型瓶五粮液，"优质"商标，背标有英文说明，酒度 52°，容量有 750 毫升、375 毫升。收藏价值高，稀少珍贵。

根据市场抽查，仿冒名酒以五粮液最多。真品五粮液商标店纸、印刷、色彩规范。"五粮液"3 个字系用凹版印制，表面光滑有凸出感，字体清晰，边缘不毛，字体线条无断裂，整体色彩协调，看印准确，印刷精致。商标上的净含量、酒精度、原料、厂址等清晰，印制精美。仿冒五粮液商标印刷粗糙。"五粮液"3 个字笔画有断裂。印刷用油墨光洁度不好，整体色彩不饱满，不均匀，字体边缘模糊，毛糙。再从酒瓶上看，真品玻璃瓶系用高白料或普通白料制成，造型典雅，玻璃白净、透明；整体均匀精致、无气泡、无褶皱。瓶上字体清晰端正。假酒酒瓶粗糙，有褶痕、气泡，瓶上的字也不清晰。"五粮液"瓶盖是辨真伪的一个重点，要注意观察瓶盖上字体是否清晰，瓶盖与瓶子的接口处（即锁口）衔接的是否平整、光滑。瓶盖上是否有防伪标记，标记是否正规。五粮液瓶盖采用金属扭断盖，色彩为金色，光洁度好，盖顶印制该厂厂徽图案，周围字体清晰端正，锁口平整光滑。从 1993 年 7 月 1 日、10 月 1 日起，分别在五粮液鼓型和晶质瓶盖顶部，打上激光光刻图案——五粮液酒厂厂徽。用 10 倍放大镜观察，清晰可见，线条因激光灼糊而略显黑色，用手或湿布无法擦掉，起到了一定防伪作用。

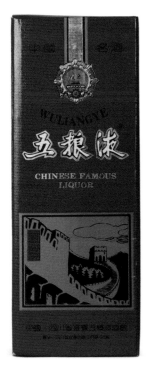

1993年52%vol鼓型瓶五粮液750ml装包装盒及背标

1993年52%vol鼓型瓶五粮液375ml装包装盒及背标

1993年长城五粮液

规　　格 | 52%vol 39%vol 29%vol　500ml

参考价格 | RMB 26,000 / RMB 12,000 / RMB 11,000 / RMB 25,000

52%vol长城五粮液500ml装　39%vol长城五粮液500ml装　　29%vol长城五粮液500ml装　　39%vol长城绿标五粮液500ml装

相关记事：

1993 年，五粮液质量体系通过中国方圆委质量认证。

1 月 6 日，中共宜宾地委、行署宜委发文，授予宜宾五粮液酒厂刘沛龙、唐万裕"宜宾地区第三批拔尖人才"称号。

1 月 13 日，经中共宜宾地委组织部批准，王国春兼任五粮液酒厂委员会书记。

2 月，五粮液、尖庄酒在德国汉堡"春季博览会"上获得特别金奖和金奖。

3 月，宜宾五粮液酒厂在首届中国糖酒工业企业评价中，被国家统计局、工业交通统计局授予"中国白酒制造业最大市场占有份额百强企业"之一，并被授予"中国白酒制造业最佳经济效益百强企业"之一。五粮液、尖庄、翠屏春在"中华国产精品推展会"上，均荣获"全国进出口商品质量展览会国产精品"称号。

4 月 7 日，宜宾五粮液酒厂在美国建立"五粮液（美国）有限公司"，以及"纽约五粮液大酒家"。

4 月 8 日，宜宾五粮液酒厂厂长王国春被中华全国总工会评为"全国优秀管理者"，荣获"五一"劳动者奖章，享受国家级特殊津贴。

5 月，曾在宜宾地委党校工作的刘中国调入宜宾五粮液酒厂，任宜宾五粮液对外开发总公司副总经理兼北海公司经理。

6 月，在第五届亚太国际贸易博览会上，五粮液荣获金奖。

12 月，在全国 29 个省进行的"名牌商品排行榜"评选活动中，五粮液荣获全国第一名。

1993 年，酒厂完成"计算机网络信息管理工程系统"的开发应用，进一步提高了酒厂现代化管理水平和能力，处于同行业领先水平。

1993 年，五粮液在英国荣获伦敦首届国际贸易中心评酒会特别金奖，在德国荣获柏林国际酒类与饮料博览会金奖、特别金奖；在新加坡荣获国际名优产品博览会金奖、特别金奖。

是年，宜宾五粮液酒厂在同行业中首家通过国家质量复查评审，继续拥有使用国家方圆标志的合法权利。

| 1993年39%vol长江大桥
五粮液500ml装 | 52%vol长城
五粮液500ml包装盒 | 39%vol长城绿标
五粮液500ml包装盒 |

1994年鼓型瓶五粮液

规　　格 I 52%vol 39%vol 29%vol　500ml

参考价格 I RMB 28,000 / RMB 18,000 / RMB 15,000

52%vol鼓型瓶五粮液500ml装　　　　39%vol鼓型瓶五粮液500ml装　　　　29%vol鼓型瓶五粮液500ml装

1985~1986年	1986~1989年	1988~1989年	1988～1989年	1987~1989年	1989～1990年

1989～1991年	1991~1992年	1991~1992年背	1992～1994年	1993年	1995年

相关记事:

1994 年 2 月，首批珍品五粮液 54°开发成功。

4 月，推出了 52°珍品五粮液。珍品五粮液的成功开发，为之后五粮液其他（高档）新品开发积累了经验。

5 月 12 日，宜宾五粮液酒厂在全国企业公众信誉度调查活动中荣获"94 公众信誉良好企业"称号。

6 月 14 日，五粮液、尖庄在中国北京第五届亚太国际贸易博览会上获得金奖。

7 月 13 日，宜宾五粮液酒厂质量体系顺利通过了法国国际检查局（BVQI）国际质量标准认证。

12 月 21 日，52°五粮液，产品商标上的"配料"改为"原料"，并增加的"水"，"净容量"改为"净含量"。颈标上"执行标准"改为"产品标准号"，并增加了"香型：浓香型"。

是年，五粮液（60°、52°、39°、29°、25°）经第五届国家评酒委员会检评，权威质量监督检验机构检测，确认产品质量保持了国家名酒水平，荣获"国家名酒"称号。五粮液荣获"全国亿万民众最喜爱的家用产品酒类特级金奖"，获得国家工商局颁发的"中国驰名商标"。

是年，五粮液酒厂以销售收入 12.55 亿元、利税总额 4.02 亿元，位列中国酒业第一位。

是年，宜宾五粮液酒厂"珍品五粮液"被四川省博物馆收藏。

特征:

1994 年在鼓型和晶质五粮液瓶盖上使用隐形喷码，在紫外灯照射下，可见蓝色厂徽图案和五粮液汉语拼音缩写"W.L.Y"，整个图案色彩均匀，线条清晰，轮廓清楚，没有断裂。开启瓶盖时，沿箭头方向稍加拧动即可旋开，绝无使用剪刀剪断撬开之必要。

假冒五粮液酒瓶盖，图案、文字不端正，制作粗糙，使用铝材较薄，色彩暗淡，光洁度差。锁口工艺水平低，不平整光滑，甚至有的还有硬器挤压磕碰造成的凹凸痕迹。一些假冒五粮液酒瓶盖上也有仿制的防伪标识，但假冒光刻图案多为硬器挤压而成，图案及线条呈白色，线条模糊、有断裂；有的可用湿布擦掉；有极少数假冒光刻虽呈现黑色，但仔细观察可以发现线条粗糙，甚至图案不全。假冒喷码图案，有的线条之间连接不好而显模糊。

1995年秦始皇珍品艺术品五粮液

规　　格 I 54%vol　1500ml

参考价格 I RMB 1,000,000

54%vol秦始皇珍品五粮液1500ml装

收藏证书内容：

　　六国毕，四海一，始皇大功告成。踌躇满志，东巡泰山。闻西王母有琼浆玉液，可长生不老，即派使者求知。悠悠几千年，竟杳如黄鹤。贵为天子，富有四海，焉能无比，始皇大怒，遂驾云车滚滚西去，途经翠屏仙山，酒香四溢，便驻车探视，见有鹤发童颜老翁围饮五粮液，不禁龙颜大喜。呈佳酿以圆始皇梦，以永飨后世。

范国琼和曹鸿英工作的情景

1995年获得"中国酒业大王证书"

相关记事:

1995年，在"第十三届巴拿马国际食品博览会"上，五粮液再获金奖，铸造了五粮液"八十年金牌不倒"的辉煌。

是年，在香港第五十届世界统计大会被评为"中国酒业大王"，荣登中国酿酒行业规模和效益的头把交椅。

是年，五粮液在美国荣获纽约国际食品贸易博览会金奖。

是年，五粮液首次参加品牌价值评估，北京名牌资产评估公司评估五粮液具有31.56亿元的无形资产价值。

1995年起，五粮液进入高速跨越式发展时期，投资1.5亿元进行配套工程建设。

收藏证书

五粮液标签合格证

秦始皇珍品五粮液包装盒

1995年珍品艺术品五粮液

规　　格 I 52%vol　3000ml
参考价格 I RMB 1,100,000

52%vol珍品艺术品五粮液3000ml装

珍品五粮液收藏证书 开启珍品艺术品五粮液的金钥匙 1993年首批珍品艺术品五粮液图片

相关记事:

随着收藏之风日渐走向市场化,珍藏白酒的包装同样开始体现收藏价值。珍品艺术品五粮液诞生于20世纪90年代,首创行业3000毫升水晶瓶体包装,美轮美奂的水晶瓶为五粮液经典鼓型瓶造型,由民间手工艺制作大师经繁复工艺手工打造而成,商标图案由红白两色烧制成型,经手工雕刻、磨花处理,起笔收刀处卓尔不凡,犹如一件巧夺天工的艺术珍品。

1995年,五粮液从意大利引进刮拉盖。其特点是酒液可从瓶口倒出,但不能回灌,结构具有一次破坏性,防止再次利用。

1995～1999年晶质异型瓶五粮液,俗称李鹏题字五粮液,采用600年明代窖池优质酒体,容量750毫升,收藏价值极高,1995年售价1280元。

1995年52%vol晶质异型瓶
五粮液750ml装

1995年52%vol晶质异型瓶五粮液750ml装包装盒和收藏证书

1995年长城五粮液

规　　格 I 52%vol　750ml 500ml 375ml 250ml 100ml 50ml

参考价格 I RMB 60,000 / RMB 25,000 / RMB 23,000 / RMB 19,000 / RMB 11,000 / RMB 3,500

52%vol五粮液750ml装　　　　　　　　52%vol五粮液500ml装

相关记事：

1995 年 1 月 1 日起，鼓型瓶五粮液停止生产，之后只生产晶质磨花瓶五粮液。

1 月 4 日，39°五粮液，产品商标上"配料"改为"原料"，并增加"水"，"净容量"改为"净含量"。颈标上"执行标准"改为"产品标准号"，并增加了"香型：浓香型"。

1 月 11 日，五粮液商标上和颈标上的繁写改为简写。

1 月 24 日，宜宾五粮液酒厂荣获优质酒监测点的"国家名酒、优质酒"称号。

2 月 24 日，五粮液荣获省技术监督局颁发的"四川省免检产品证书"（在 1995 年 2 月至 1997 年 2 月期间内，该产品免于四川省内各级技术监督部门的质量监督检查）。

是年，宜宾五粮液酒厂在 1995 年评出的"全国工业企业 500 强"排名中，位居第 263 位，效益居 100 位，为食品行业榜首。

52%vol五粮液375ml装　　52%vol五粮液250ml装　　52%vol五粮液100ml装　　52%vol五粮液50ml装

1995年长城五粮液

规　　格 | 52%vol 39%vol 29%vol　500ml

参考价格 | RMB 18,000 / RMB 9,000 / RMB 6,000

52%vol长城五粮液500ml装　　　　　39%vol长城五粮液500ml装　　　　　29%vol长城五粮液500ml装

生产日期：1995年12月 塑盖长城五粮液500ml装瓶盖

相关记事：

1995 年 6 月 10 日，五粮液进口高级防盗盖（大红色、塑料）包装的五粮液投放市场。由于该产品无颈标，故颈标上的内容都改写在商标上。铁盖五粮液从 1995 年 10 月 10 日停止生产。

6 月 10 日，酒厂推出五粮液高级防盗盖三防盖，高防（红色），该盖系从意大利原装进口，其特点是酒液可从瓶口倒出，但不能回罐。盖的上、下端有一拉带，拉带上有一金色铝质环。仿冒的五粮液红色防盗盖，色泽暗淡，光洁度差，盖身中部往往有一圈凸出的痕迹，用手触摸可以感觉到。

6 月 22 日，五粮液酒厂引进三防盖五粮液，用于晶质多棱瓶。该盖色泽鲜明，光洁度好，盖身平整光滑，印有"五粮液"字样。在盖下端有一拉带，拉带上有一金黄色铝质环。

8 月 15 日，宜宾五粮液酒厂 507 车间正式投窖。

10 月，五粮液被国内贸易部市场建设管理局认定为"1995 年全国市场认可名酒"。五粮液公司荣获"中国的脊梁"国有企业 50 强殊荣。

是年，五粮液（29°、52°）、尖庄（52°）均在四川省技术监督局省级质量监督检查中连续 6 年合格。

五粮液酒厂东大门

1996年晶质异型瓶五粮液

规　　格 I 52%vol　750ml

参考价格 I RMB 38,000

52%vol晶质异型瓶五粮液750ml装

吊牌

神州琼浆五粮液

相关记事：

1996 年 1 月，宜宾五粮液酒厂白酒荣获 1995 年同类产品全国销量第一名。

11 月 18 日，五粮液、五粮春、尖庄系列产品被中国市场经济研究会推荐为 "96' 中国市场公认名牌"。

11 月，在有 13 个国家参展的休斯敦国际博览会上，"五粮液" 一举夺魁，荣获白酒唯一金奖。

12 月 16 日，根据国家统计局 "1996 年全国主要城市居民消费品调查" 结果，五粮液居白酒商品全国主要城市市场占有率第一位。

是年，国内贸易部商业信息中心授予五粮液 "全国大商场名优产品" 称号。

是年，五粮液、尖庄均被贵州市场调查部评为 "1996 年贵州市场声誉最好、最受欢迎、最畅销的产品"

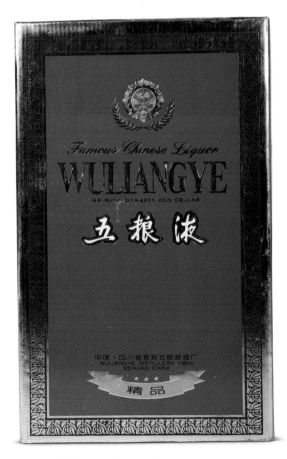

52%vol晶质异型瓶五粮液750ml装（背面）和包装盒

1996年长城五粮液

规　　格 | 52%vol 39%vol 29%vol　500ml 375ml

参考价格 | RMB 16,000／RMB 8,500／RMB 6,500／RMB 10,000

52%vol长城五粮液500ml装　　39%vol长城五粮液500ml装　　29%vol长城五粮液500ml装　　39%vol长城五粮液375ml装

孟庆利题词

相关记事：

自 1996 年 6 月，五粮液酒一律采用晶质刻花瓶，玻璃材质晶莹透明。而假冒五粮液玻璃瓶材质较差，瓶身往往有明显折皱和气泡，瓶身不端正，色调偏绿。

1996 年 9 月 4 日，五粮液推出五粮液高防改进型瓶盖，瓶盖用于晶质磨花瓶，盖子平整光滑，盖印有"五粮液"字样。瓶盖上端有一拉带，拉带上有一金黄色铝质拉环。

9 月，五粮液酒厂与美国 3M 有限公司合作，达成国内首家制"3M 回归反射防伪胶膜"协议，投资 2 亿元用于该项工程第一期建设，从而使"五粮液"防伪技术率先进入全国最新、最高档次。五粮液"3M 回归反射防伪胶膜"是根据光的回归反射原理，在五粮液专用防伪酒瓶盖上，用光把直径为 0.06 毫米的玻璃微珠，涂布在可视印刷品的表面上，形成特定的五粮液厂徽图案，并对印刷品的可视部分起到保护作用。消费者在自然光下，可以清晰地看到白底红字的五粮液防伪标识，然后用手持专用检测器贴近眼部，按动开关，通过检测器可看到原有红字五粮液标识隐去，标识反射出耀眼夺目的五粮液酒厂厂徽，真伪立即可辨。

特征：

在五粮液酒瓶上所贴的标签背面。通过玻璃瓶观看时，可以找到用蓝色印章标出的生产日期。生产日期的年月日均以两位数字表示，中间以横线相连，如"96-01-20"批号为"85"开头的 6 个数学串，其中第 5 与第 6 个数字间有一空格，如"86546"。大多数假酒所用标签印刷质量低劣、色形不匀、字体边缘模糊而不光挺，线条有断裂，注册商标标记 ®，外圆常有缺口，所用的印刷油墨无光泽，套色不齐。特别应注意的是"五粮液"3 字的黑边与金底色是否密合，金色露在黑边之外是假标签的一个十分重要的特征。铝盖与瓶口咬合不紧则是假酒的又一标志，有的甚至可以随意旋转，乃至倒置后会漏酒。标签背面的生产日期与批号，有的在生产日期中印上了"年、月、日"，而不是用横线隔开，有的以"1995""1996"表示年份。有的还用汉字标年、月、日，或用红色印章打印生产日期，这些都是假冒"五粮液"露出的破绽。

自 1996 年下半年开始，在北京和昆明等地发现了仿冒"高防盖"的假酒，鉴别这些假的高防盖可注意三个方面：一是假盖色泽发暗，光洁度差，盖身中部往往有一圈凸出的痕迹（用手摸可以感觉）；二是盖上所印的字与塑料之间附着力很差，只要用指甲轻轻一刮，就会掉下来；三是瓶盖无法旋紧，可以不停地旋转。

1997年长城五粮液

规　　格 I 52%vol 39%vol 29%vol　500ml

参考价格 I RMB 15,000 / RMB 7,500 / RMB 5,500

52%vol 飞鹰标长城五粮液500ml装　　39%vol 飞鹰标长城五粮液500ml装　　29%vol 飞鹰标长城五粮液500ml装

相关记事：

1997 年 1 月，五粮液、五粮春、五粮神、五粮醇、尖庄被四川省委宣传部组织的 11 家单位评为"四川省大中城市最畅销产品"。

6 月，宜宾五粮液酒厂荣获国家档案局颁发的企业档案工作目标管理国家一级证书。

7 月 10 日，宜宾市人民政府同意宜宾五粮液酒厂兼并宜宾药业有限责任公司，组建企业集团。

8 月，五粮液、五粮春获香港"97' 香港回归饮料品评会"最高金奖。

8 月，五粮液酒厂改制成立为"宜宾五粮液股份有限公司"。

12 月 16 日，根据人民日报社、中央电视台"1997 年全国主要城市居民消费品调查"结果，五粮液白酒类商品居"全国市场占有率第一位"。

是年，酒厂引进了加拿大、意大利等国家先进的塑胶瓶盖生产技术及美国 3M 公司的回归反射防伪膜技术，生产防伪瓶盖。公司完成了年包装能力 8 万吨的中国第一勾兑中心。

是年，五粮春、五粮神、五粮醇荣获"97' 中国新技术新产品交易博览会"金奖。

是年，宜宾五粮液酒厂被中共宜宾市委、宜宾市人民政府评为"工业企业十强"企业。

是年，宜宾五粮液酒厂在中国企业信誉促进会等三家单位举办的评价活动中，获得了白酒行业"企业知名度、企业美誉度、质量满意度、服务满意度"四项第一。

是年，据国家统计局贸易外经统计局的统计表明，五粮液白酒位列"97' 中国市场同类产品销售量第一名"。

五粮液十里酒城

1997年三防盖晶质多棱瓶五粮液

规　　格 | 52%vol 39%vol 29%vol　500ml

参考价格 | RMB 13,500／RMB 6,500

52%vol飞鹰标三防盖晶质多棱瓶五粮液500ml装和包装盒

特征：

　　五粮液推出高级防盗盖"三防盖"，同时启用了晶质多棱瓶。其特点是酒液可从瓶口倒出，但不能回流。盖身的上下端有一拉带，拉带上有一金色铝质环。透过五粮液酒瓶观看标签，可以找到用蓝色印章标出的生产日期。

　　1997年，五粮液红色长城图案纸盒改为金卡纸天地盖纸盒，酒瓶由晶质瓶改为多棱瓶，并采用"三防"塑胶盖。多棱瓶五粮液见证了企业历经5次大规模扩建后，最终在2002年铸就的"十里酒城"规模。

39%vol飞鹰标三防盖晶质多棱瓶五粮液500ml装

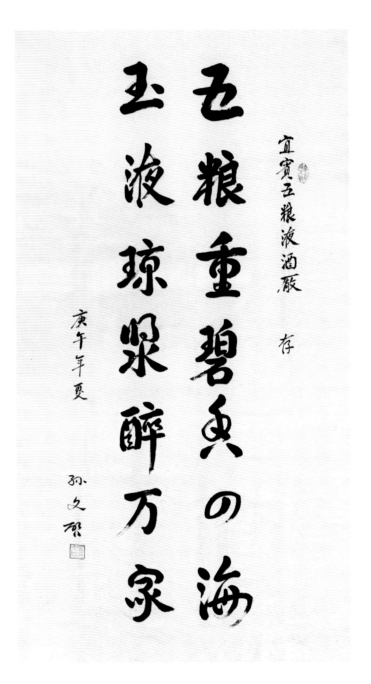

孙文启题词

1998年秦始皇珍品艺术品五粮液

规　　格 I 54%vol　1500ml

参考价格 I RMB 850,000

54%vol秦始皇珍品艺术品五粮液1500ml装

相关记事：

1998 年，五粮液在"97'中国最有价值品牌评价"中，北京名牌资产评估事务所评估五粮液具有 41.81 亿元的品牌价值，居白酒类品牌第一位。宜宾五粮液酒厂被四川省对外贸易经济合作委员会授予 1997 年外贸工作一等奖。宜宾五粮液酒厂被宜宾市对外经济贸易委员会评为"1997 年度出口创汇先进企业"。

4 月，在原五粮液酒厂的基础上，成功地进行了公司制、股份制改造，组建了五粮液集团有限公司，创立了五粮液股份有限公司。同时，五粮液股票成功地在深圳上市，其间冻结资金达 1549 亿元，创下中国股市最高纪录。

11 月 8 日，中国食品工业协会评定"五粮液"，"五粮春""五粮神""京酒""尖庄"为国家质量达标食品。

12 月 18 日，经中央电视台、央视调查中心调查评定，"五粮液"牌白酒居白酒类商品全国市场占有率第一位。

利川永五粮液501生产车间

1998年长城五粮液

规　　格丨52%vol 39%vol 29%vol　500ml

参考价格丨RMB 8,500／RMB 6,000

52%vol长城五粮液500ml装　　　　　　39%vol长城五粮液500ml装

松刚题词

相关记事：

1998年4月，五粮液酒厂进行体制改革，建立五粮液集团公司。王国春担任集团公司党委书记、董事长、总裁，徐可强任五粮液集团公司副董事长、副总裁及五粮液股份公司总经理、董事。

4月18日，宜宾五粮液酒厂改制设立四川省宜宾五粮液集团有限公司。同日，创立宜宾五粮液股份有限公司。

4月27日，五粮液股票在深圳证券交易所成功上市，代码000858。

1998年52%vol塑盖长城五粮液500ml装包装盒

1998年多棱瓶五粮液

规　　格 | 60%vol 52%vol 39%vol 29%vol　500ml

参考价格 | RMB 8,500 / RMB 8,000 / RMB 8,000

60%vol多棱瓶五粮液500ml装　　　　　　　　52%vol多棱瓶五粮液500ml装

五粮液新一代（VSI）专用防伪标识
鉴别检测方法

（原有图案）

五粮液专用防伪标识

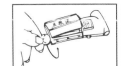

五粮液新一代专用防伪标识采用特殊的一次性材料制作，请您依照下列说明检验：

1. 在自然光下，您可以清晰地看见白色防伪标识上印有红色的 图案；

2. 同时，您可以看见五粮液新一代专用防伪标识特有的银色VSI图案。该图案随观察角度的不同而呈现不同的亮度。

3. 手持检测器贴近眼部，视线通过检测器，按动开关

您将看到——

检测器里看到的图案

原有红色图案隐去，标识反射出耀眼夺目的五粮液酒厂厂徽 以及亮丽的VSI图案。请再三检验，如标识不符合上述现象，即不是真品。

如有疑问，请查询：(0831) 3550311 （打假办）

敬告：五粮液专用防伪标识乃 **3M** 高科技产品，制假者无需浪费时间伪造。

检测器灯泡、电池的更换

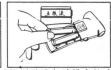

打开检测器：将硬币塞进检测器端部的槽中转过去，便会"啪"的一声打开侧板

备注：VSI 即 Visible Security Image的缩写（可视安全图案）是3M公司独有的防伪技术

中国四川省
宜宾五粮液股份有限公司

五粮液防伪检测器　　　　　　　　　　　　　　　五粮液防伪检测说明书

相关记事：

　　1998 年 4 月底，五粮液集团公司将原酒厂科研所扩大为技术中心，名称为四川省宜宾五粮液集团有限公司技术中心。技术中心由白酒研究所、新产品开发研究室、工艺研究室、分析研究室、微生物室、信息研究室等组成。

　　是年，中国行业企业信息发布中心发布：五粮液白酒位列 1998 年全国市场同类产品销量第一位。

　　是年，范国琼被五粮液公司任命为 506 车间党支部书记、主任。她带领团队开发并完成了计算机勾兑专家系统，开创了我国现代酿酒技术与传统工艺相结合的新局面，给白酒生产带来了一场革命，该系统成功地解决多品种、大容量的勾兑难题。同时，与其他技术人员共同构建了全国第一部酿酒"88 工规"，完成 1000 吨勾兑大桶组合工作，成为世界酿酒史上史无前例的创举。

1999年多棱瓶五粮液

规　　格 I 52%vol　500ml 375ml 250ml

参考价格 I RMB 8,000 / RMB 6,500 / RMB 4,000

相关记事：

　　1999年，徐可强提议通过建立"五粮液专卖店"的形式进行市场扩张，让五粮液和其他非名酒品牌一样主动参与市场竞争，向消费者靠近，揭开了五粮液专卖店的快速发展的序幕。

　　1月1日，宜宾五粮液集团有限公司决定撤销产品技术开发部，该部职能合并到科研所。

1999年52%vol长城五粮液500ml装

52%vol多棱瓶五粮液500ml装

52%vol多棱瓶五粮液375ml装

52%vol多棱瓶五粮液250ml装

相关记事:

1999年，1月22日，在北京名牌资产评估事务所举办的"98'中国最有价值品牌"评估中，"五粮液"品牌价值达60.62亿元，居白酒制造业第一位。

3月15日，宜宾五粮液集团有限公司决定，组建四川省宜宾五粮液进出口有限公司。

5月，五粮液集团公司投资3000多万元，从意大利瓜纳公司引进世界最先进的"1800"型瓶盖生产技术。该瓶盖为6件套，具有防倒灌装置，生产难度极大，杜绝了仿冒者的生产。生产设备全套引进意大利的自动化生产线，形成了年产1亿只防伪瓶盖的生产能力。

7月，五粮液39°浓香型获得国家质量监督局全国标准样品技委会颁发的国家标准样品证书。

8月8日，五粮液被中国食品协会评定为"跨世纪中国著名白酒品牌"。

五粮液501生产车间

2000年五粮液

规　　格 | 52%vol　500ml
参考价格 | RMB 7,000

相关记事:

　　2000年,公司投入巨资建成了一个4万吨的酿酒车间,同时在孜岩山下荡平数座小山,建起了果酒、塑胶制品、模具制造、电子元件、精美印务等公司。至此,占地近10平方公里的"十里酒城",成为"千年酒都"的象征。

　　8月2～4日,五粮液在法国举办的"巴黎2000年中国名酒名茶博览会"上获得"最高荣誉奖", 是众多参展名酒中唯一获此殊荣的产品。

　　10月,宜宾五粮液集团荣获国家轻工业局颁发的"2000年全国轻工业企业管理现代化成果二等奖"。

　　12月7日,宜宾五粮液集团有限公司将原五粮液集团509有限责任公司(对外),更名为四川省宜宾五粮液集团环保产业有限公司(对外)。

52%vol多棱瓶五粮液500ml装和包装盒

2000年五粮液

规　　格 I 52%vol 39%vol　500ml

参考价格 I RMB 3,800

相关记事:

2000年12月8日,在北京名牌资产评估公司的"中国最有价值品牌"评估中,五粮液品牌价值达120.56亿元,居中国白酒制造业第一位。

12月9日,宜宾五粮液集团有限公司将宜宾五粮液安培纳斯制酒有限公司,更名为五粮液集团保健酒有限责任公司。

12月18日,宜宾五粮液集团有限公司被国家质量监督局评为"2000年维护消费者合法权益先进企业"。

是年,五粮液、PET尖庄、火爆酒、五粮春、五粮醇被评为"2000年河北省消费者喜爱品牌"。

是年,在法国巴黎"2000年中国名酒名茶博览会"上,五粮液一举夺得"最高荣誉奖"。

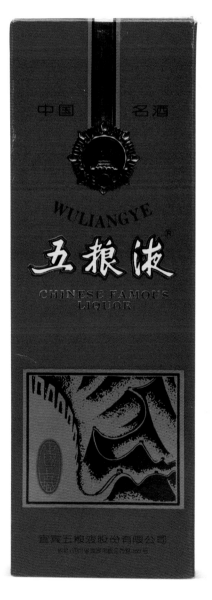

39%vol长城瓶五粮液500ml装和包装盒

2001年五粮液（八十年金牌）

规　　格 I 60%vol　500ml

参考价格 I RMB 6,800

60%vol 八十年金牌五粮液500ml装和包装盒

相关记事：

2001年2月15日，五粮液系列白酒被中国食品工业协会评为"国家质量达标食品"。

3月28日，宜宾五粮液集团公司经全国饮品企业环境质量管理审核委员会审核，被评为"全国饮品企业环境质量管理合格单位"。

3月，五粮液白酒荣列"2000年度全国市场同类产品销量第一"。

5月18日，五粮液牌系列白酒经国家监督局抽查质量较好，获国家质量技术监督局重点表彰。

7月，中组部授予宜宾五粮液集团公司党委"全国先进基层党组织"称号。

10月，人民大会堂国宴酒（52V/V浓香型）、"五粮春"酒（45V/V浓香型）、"五粮神"酒（45V/V浓香型）、"五粮醇"酒（50V/V浓香型）等产品被中国质量协会评为"中国白酒著名创新品牌"。

2001年，中国最有价值品牌名单中，五粮液品牌价值达156.67亿元，居全国第四位，连续7年稳居全国饮料食品类第一名。

12月，宜宾五粮液集团公司"无害化、效益化处理丢弃酒糟工艺技术""提高白酒质量工艺技术研究"项目荣获"1981～2001年中国食品工业20大科技进步成果奖"。

是年，国家统计局按营业收入统计，五粮液集团公司荣列"2000年中国最大100家大企业（集团）第94名"。

是年，宜宾五粮液集团公司被中国食品协会评为"全国食品工业科技进步优秀企业"，荣获特别荣誉奖。

五粮液流水线生产车间

2002年多棱瓶五粮液

规　　格 | 52%vol　500ml 375ml
参考价格 | RMB 6,200／RMB 4,600

52%vol多棱瓶五粮液500ml装　　　　　　　　　　52%vol多棱瓶五粮液375ml装

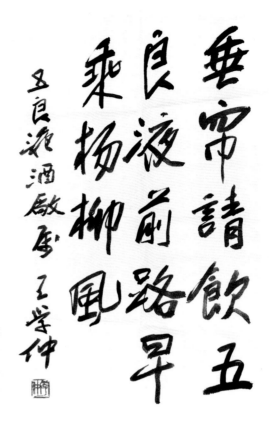

沈鹏题词

王学仲题词

相关记事：

2002 年 1 月，中国食品协会公布五粮液产品：大曲浓香 60°（V/V）、52°（V/V）、39°（V/V）、29°（V/V）、25°（V/V）质量保持了中国名酒－国家金质奖水平。

6 月，五粮液在巴拿马"第二十届国际商展"上，五粮液又一次荣获白酒类唯一金奖，承继了五粮液百年荣誉。同时，五粮液还四次蝉联"国家名酒"称号，荣获国家优质产品金质奖章。

在 2002 年度全国经销商大会上，时任五粮液集团副总裁、五粮液股份公司总经理的徐可强提出了 2003 年"强力推进营销创新，努力开拓销售市场，积极打造名牌产品，实现三个转变，在白酒市场获取最大竞争优势"的营销思路，成为后来指导五粮液在市场竞争中实现"突围"的重要战略。徐可强引领五粮液打造品牌，提高价格，为五粮液在高端市场的定位打下基础，开白酒高端市场风气之先。徐可强还代表五粮液提出了"1+9+8"品牌构想，将品牌建设重点放在 18 个品牌上（即打造 1 个世界性品牌，打造 9 个全国性品牌，打造 8 个区域性品牌，又称为五粮液"三个打造"战略），希望达到净化五粮液品牌的目的。随后，五粮液在这方面的重大举措是，一举砍掉旗下 38 个品牌，重点培育 10 个名牌产品。2003 年五粮液的品牌"瘦身"之举，在酒界引起很大轰动。

2002年多棱瓶五粮液

规　　格 | 68%vol　500ml

参考价格 | RMB 6,500

68%vol多棱瓶五粮液500ml装

相关记事：

2002 年 12 月，北京名牌资产评估公司对"中国最有价值品牌"评估，五粮液品牌价值达 201.2 亿元，继续稳居全国同类行业第一位。宜宾五粮液集团公司被国家有关部门评为"2001～2002 年全国食品工业优秀龙头食品企业"。中国企业研究会授予五粮液集团公司"全国百行万家质量信誉双优示范企业"称号。宜宾五粮液集团公司被中国质量协会评为"2003 年全国质量效益型先进企业"。五粮液荣列 2002 年度全国同类产品销量第一名、五粮液集团荣获"全国质量效益型先进企业"称号。宜宾五粮液集团公司被评为 2001～2002 年度"全国食品工业科技进步优秀企业"。宜宾五粮液集团公司 2001～2002 年度获"全国食品工业科技进步优秀企业四连冠"荣誉。

千户醉唱太平歌
四座欢欣观伟德
诗酒会盛莫蹉跎
川南物产宜宾多
酒都宜宾国际名酒文化节志盛
秦含章
一九九二年五月

秦含章题词

何平 绘

211

2003年多棱瓶、水晶盒五粮液

规　　格 I 52%vol　500ml

参考价格 I RMB 5,800 / RMB 5,800

52%vol多棱瓶五粮液500ml装

52%vol水晶盒五粮液500ml装

五粮液股份有限公司荣获"2003年全国质量管理奖"

2003年，五粮液被评为"中国白酒工业经济
效益十佳企业"证书。

相关记事：

2003年，水晶晶质多棱瓶五粮液正式面世，产品将金卡纸天地盖纸盒包装改为PET透明盒包装，为中国白酒赋予了新的时代色彩。水晶晶质多棱瓶五粮液已走过了辉煌的17年。在这17年中，五粮液集团年利税从1亿元到323亿元的突破，营业收入在2018年更是达到了930亿元。同时，五粮液率先推动中国白酒国际化，不断在海外市场布局，成为全世界酒友心目中的一流酒类品牌。水晶晶质多棱瓶五粮液即将停止投放，这款酒无疑也将会成为大众追捧的"收藏品"，引起一波新的收藏热潮！无论你手上拥有的是哪一代产品，都承载着岁月的记忆和历史的价值。

2003年，施瓦茨标以印刷精度高、配套防伪技术众多（油墨技术）、套印准确而被五粮液采用。配套使用激光物流码管理和防伪标刮刮电码，消费者和市场打假人员均能快速辨别真伪。

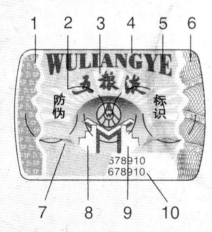

- 1 区域有金色全息激光条，上面有英文字母SP散布在上。
- 2 区域用肉眼可以看到标识中有模切痕迹。
- 3 区域黄色部分在紫外灯（验钞器）照射会发黄色荧光。
- 4 区域的纽索纹图在紫外灯（验钞器）照射会发橘色荧光。
- 5 区域的红色"WULIANGYE"字在紫外灯（验钞器）照射会发红色荧光。
- 6 区域的纽索纹图用特种检测窗检测可以看到左右颜色由红色变为绿色。
- 7 区域用放大镜可以看到由英文字母"WULIANGYE"构成的线。
- 8 区域用激光检测笔，可以检测出亮点。
- 9 区域用Identorapid检测会产生颜色反应。
- 10 区域为可刮开的涂层，内有22位数字的防伪码。
  您可以通过短信（移动发送至：9990999、联通发送至：9900999）、网络（www.tx315.com）、免费电话800-8835555或主叫付费电话028-66655555，连续输入22位防伪码即可，30分钟之内可以重复查询。

打假举报电话：0831-3550311（打假办）
宜宾五粮液股份有限公司

在瓶盖开启处贴有外观如上的易碎防伪标

五粮液防伪标识说明卡

2003年贵宾五粮液

规　　格 I 52%vol　500ml

参考价格 I RMB 11,000

52%vol贵宾五粮液500ml装

相关记事：

2003年，五粮液股份有限公司再度获得"全国质量管理奖"，成为我国酒类行业唯一两度获得国家级质量管理奖的企业。

3月，中国企业品牌委员会授予五粮液、五粮春、尖庄"中国著名品牌"称号。

4月，宜宾五粮液集团公司被中国质量协会评为"全国质量效益型先进企业"。刘友金任五粮液股份有限公司副总经理，分管五粮液集团公司循环经济、环境保护、技术安全、消防安全、防汛安全的部门，是国家白酒评委、四川省酿酒协会专家组成员。

9月，五粮液、五粮春、五粮醇、尖庄获"中国食品协会安全优质承诺食品"称号。

是年，宜宾五粮液集团公司获2002年度"中国食品工业（饮料制造业）百强企业"称号。

是年，中国食品协会授予宜宾五粮液集团公司"2002～2003年中国食品工业质量效益卓越企业奖"。

是年，国家统计局公布宜宾五粮液集团公司为"2003年中国白酒工业百强企业""2003年中国白酒工业经济效益十佳企业"。

是年，中国企业家协会统计公布，宜宾五粮液集团公司2003年营业收入1211882万元，荣列中国企业500强第151名。

是年，北京名牌资产评估有限公司对"中国最有价值品牌"进行评估，"五粮液"品牌价值达269亿元，继续稳居白酒制造业第一名。评估"五粮春"品牌价值为22.2亿元。

贵宾五粮液标牌

贵宾五粮液包装盒

2004年多棱瓶、水晶盒五粮液

规　　格 I 52%vol　500ml

参考价格 I RMB 5,300 ／ RMB 5,300 ／ RMB 5,200

相关记事：

　　2004年1月，首届中国白酒科学技术大会授予刘沛龙"杰出贡献科技专家"称号。

　　4月，由中国质量协会、中国消费者协会和清华大学中国企业研究中心联合发起的"全国用户满意度"评选活动，五粮液再次夺得"全国用户满意度"6项第一。

　　5月，五粮液、五粮春、五粮神在第十一届中国食品博览会上荣获"综合价值评估和发展前景预测活动"金奖。

　　11月，中国酿酒工业协会公布五粮液集团公司为"全国酿酒行业百名先进企业"。

　　12月，北京名牌资产评估有限公司对"中国最有价值品牌"进行评估，五粮液品牌价值达306.82亿元，居全国白酒制造业第一位。

　　是年，刘友金撰写了《形成五粮液的独特自然条件及特殊工艺》书稿，该书全面系统地介绍了形成五粮液的独特自然条件及特殊工艺，对宜宾的水、土、气候、日照、温度、湿度、原料、人文、工艺、生产管理、操作要领等做了系统的论述。

52%vol多棱瓶五粮液500ml装　　　　　52%vol多棱瓶五粮液500ml装　　　　　52%vol水晶盒五粮液500ml装

相关记事:

    2004 年，五粮液荣列 2004 年度全国市场同类产品销量第一名，五粮液被世界著名企业联盟、美中经贸投资总商会等评为"中国最具影响力十佳品牌"，宜宾五粮液集团公司在中国食品工业协会 2004 年度食品工业企业综合实力评价中名列"中国食品工业百强企业"，中国质量协会授予五粮液集团公司"2002～2004 年连续三年荣获先进企业"称号，荣获"全国实施卓越绩效模式先进企业特别奖"，宜宾五粮液集团公司"特大型综合发酵车间""双开高排酒曲发酵"技术荣获中国食品协会白酒委员会颁发的优秀科技成果一等奖。

52%vol豪华礼品盒烤标五粮液500ml包装盒（含光盘）

52%vol水晶盒五粮液500ml装

52%vol豪华礼品盒烤标五粮液500ml装

第五章
2005年～至今

开拓进取　再创新辉煌

五粮液酒厂东大门

2005年水晶盒五粮液

规　　格 I 52%vol　500ml
参考价格 I RMB 5,000

相关记事：

　　2005 年，五粮液荣获 2004 年度全国市场同类产品销量第一；五粮液荣获 2005 年 CCTV 观众最喜爱的中国第一品牌；五粮液荣获 2003 ～ 2004 年度全国食品工业科技进步优秀企业五连冠特别荣誉奖；五粮液荣获中国食品工业协会科学技术奖 2003 ～ 2004 年度一等奖；五粮液荣获中国食品工业协会科学技术奖 2003 ～ 2004 特别奖；五粮液荣获全国食品工业科技进步优秀企业五连冠。

2005年1月52%vol水晶盒五粮液500ml装

2005年五粮液·老酒

规　　格 | 56%vol　500ml

参考价格 | RMB 8,600

相关记事：

　　2005年，伴随着五粮液产品发展"返璞归真、成就经典"的核心理念，"五粮液·老酒"这款传世之作呈现世人面前。该款水晶鼓型瓶"老酒"由五粮液集团原董事长王国春先生亲自创意策划，其设计灵感源自五粮液早期的传统造型，既继承了传统五粮液酒的质朴纯然之气，又凭借着意大利的先进制作工艺凸现高贵与精细，起笔收刀之处，处处焕彩。

56%vol五粮液·老酒500ml
包装盒（带酒杯款）

56%vol五粮液·老酒500ml装和包装盒

2009年五粮液·老酒套装礼盒

规　　格 I 56%vol　750ml+100ml

参考价格 I RMB 11,000

56%vol五粮液·老酒
750ml+100ml包装盒

2009年9月21日56%vol五粮液·老酒750ml+100ml装

2005年五粮液60年年份酒

规　　格 I 55%vol　500ml

参考价格 I RMB 78,999

精选五谷精华,采用独特传统酿艺与老窖发酵,经长年陈酿、精心勾兑而成。浓香扑鼻、清爽甘洌、令人回味无穷。

55%vol五粮液60年年份酒500ml装和包装盒

2005年五粮液50年年份酒

规　　格 I 55%vol　500ml

参考价格 I RMB 26,999

相关记事:

　　2005 年，五粮液开始生产年份酒，包括 60 年、50 年、30 年、15 年、10 年，度数有 55°和 50°两种。

55%vol五粮液50年年份酒500ml装和包装盒

2008年五粮液50年年份酒

规　　格 I 50%vol　500ml

参考价格 I RMB 26,999

2008年50%vol五粮液50年年份酒500ml装和包装盒

2013年五粮液50年年份酒

规　　格 I 55%vol　500ml

参考价格 I RMB 26,999

2013年7月23日55%vol五粮液50年年份酒500ml装和包装盒

2005年五粮液30年年份酒

规　　格 | 55%vol　500ml

参考价格 | RMB 12,999

2005年55%vol五粮液30年年份酒500ml装和包装盒

2008年五粮液30年年份酒

规　　格 I 50%vol　500ml

参考价格 I RMB 12,999

2008年50%vol五粮液30年年份酒500ml装和包装盒

2005年五粮液15年年份酒

规　　格 | 55%vol　500ml

参考价格 | RMB 4,099

55%vol五粮液15年年份酒500ml装和包装盒

2007年五粮液15年年份酒

规　　格 I 50%vol　500ml
参考价格 I RMB 4,099

50%vol五粮液15年年份酒500ml装和包装盒

2005年五粮液10年年份酒

规　　格 I 55%vol　500ml

参考价格 I RMB 2,699

55%vol五粮液10年年份酒500ml装和包装盒

2005年五粮液10年年份酒

规　　格 I 55%vol　500ml

参考价格 I RMB 2,699

55%vol五粮液10年年份酒500ml装和包装盒

2007年五粮液10年年份酒

规　　格 | 50%vol　500ml

参考价格 | RMB 2,699

50%vol五粮液10年年份酒500ml装和包装盒

2012年五粮液10年年份酒

规　　格 I 50%vol　500ml

参考价格 I RMB 2,699

2012年2月3日50%vol五粮液10年年份酒500ml装和包装盒

2005年五粮液10年年份酒

规　　格 I 55%vol　500ml

参考价格 I RMB 2,399

2005年55%vol五粮液10年年份酒500ml装（玻璃瓶）和包装盒

2008年五粮液10年年份酒

规　　格 I 50%vol　500ml

参考价格 I RMB　2,399

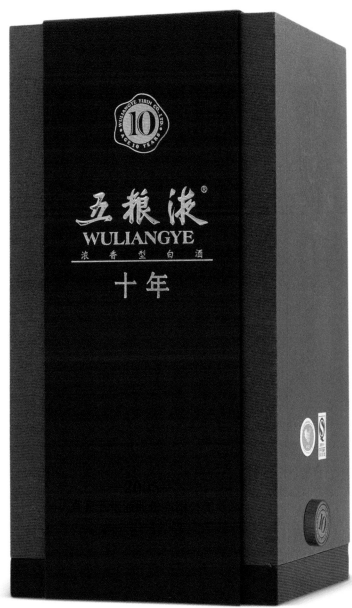

2008年50%vol五粮液10年年份酒500ml装（玻璃瓶）和包装盒

2017年五粮液10年年份酒

规　　格 I 50％vol　500ml

参考价格 I RMB 2,399

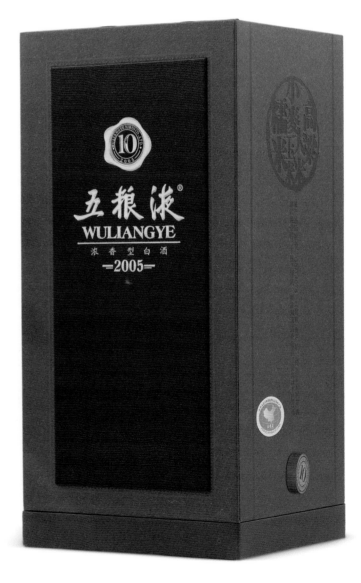

2017年11月8日50％vol五粮液10年年份酒500ml装和包装盒

2005年豪华五粮液

规　　格 I 52%vol 39%vol　500ml

参考价格 I RMB 5,000

2005年52%vol、39%vol豪华五粮液500ml装和包装盒

2006年水晶盒五粮液

规　　格 I 52%vol 39%vol　500ml
参考价格 I RMB 4,600／RMB 2,800

52%vol五粮液500ml装　　　　　　　　　　39%vol五粮液500ml装

宜賓五粮泩泩廠雅存

劉江書於杭州

酒釀于糧甘冽梦芳飲
之體健飲之神爽交際
文化和睦友郭名揚世
界祖國之光

五糧液酒廠瑞壁

相关记事：

2006 年，五粮液全年共销售系列酒 18.97 万吨，实现主营业务收入 73.86 亿元，主营业务利润 32.13 亿元，净利润 11.70 亿元。五粮液系列酒的出口量占全国白酒总出口量的 90% 以上。

8 月，在中国曲阜国际孔子文化节上，五粮液因坚持秉承传统，被选定为"2006 年海峡两岸同祭孔"曲阜孔庙大典唯一祭祀酒。随后，五粮液集团申遗项目正式启动，其中，"明代古窖池群"申报世界文化遗产，"五粮液传统酿酒技艺"申报国家非物质文化遗产。

8 月 23 日，五粮液工业园区"全国工业旅游示范点"标志雕塑揭幕仪式在五粮液集团举行，"十里酒城"从此成为酒都一道靓丽的新名片。

是年年底，2006 年度"中国最有价值品牌"研究评估报告在北京揭晓，五粮液以 358.26 亿元再次蝉联食品业榜首。

2007年五粮液

规　　格 I 60%vol　500ml

参考价格 I RMB 4,500

相关记事：

　　2007 年初，全球五大品牌价值评估机构之一的世界品牌实验室与多家媒体联合主办的世界经理人年会在香港召开。会议颁发了 2006 年"中国品牌年度大奖"、2006 年"中国经济年度风云人物"等奖项，五粮液作为中国传统文化的代表，以其卓越的品质和实力一举夺得白酒行业 2006 年"中国品牌年度 大奖"。

　　3 月，唐桥调任五粮液集团总裁、党委副书记，五粮液股份有限公司董事长。

　　是年，五粮液出口创汇 3 亿美元，占全国名优白酒出口的 95% 以上。在受到国外消费者日益认可的同时，也把五粮液所体现的包容、中庸、和谐等传统文化带到全世界。

　　是年，五粮液先后获得多个奖牌和称号，并首批入选"中华老字号"名单，成为商务部揭晓的"全国首批300 个重点保护品牌"之一。

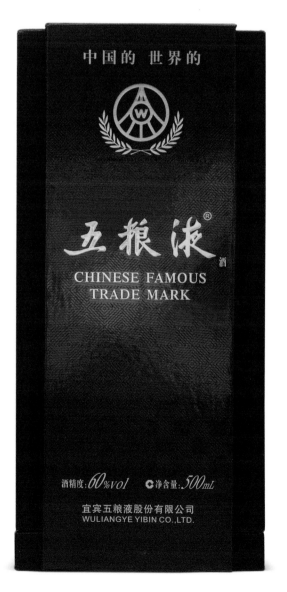

2007年60%vol五粮液500ml装和包装盒

2007年52%vol、39%vol豪华五粮液500ml装和包装盒

　　2007年，在北京名牌资产评估事务所举办的评估活动中，五粮液品牌价值达到402.18亿元，连续12年稳居食品饮料行业榜首，连续13年成为中国食品行业最具价值品牌。

　　60°五粮液以品质之优，彰显品位之道，早在1988年全国第五届评酒会便荣登榜首，获国家名酒称号及金质奖章；1995年，又获"第13届巴拿马国际贸易博览会"金奖。数十年间，60°五粮液先后多次荣获国际金奖，铸就不朽丰碑。

2007年12月1日60%vol金奖五粮液500ml装和包装盒

2007年水晶盒1618五粮液

规　　格 I 52%vol　500ml　250ml

参考价格 I RMB 4,300 / RMB 2,200

相关记事:

　　"1618"暗含中国传统文化要顺要发的美好寓意,契合商务成功人士对美好生活的追求。瓶身红白相间的界限是整瓶酒的 0.618 黄金比例,瓶型设计流线优美,凸显时尚高贵。

52%vol水晶盒1618五粮液500ml装　　　　　52%vol水晶盒1618五粮液250ml装

五粮液 · 1618

52%vol /39%vol　　500ml/250ml

拓宽生命的广度，增加生命的高度，积
淀生命的意义，升华生命的境界。

积淀是感悟的基础，感悟是积淀的升华。
没有历练的人生，将会是多么的索然无味。
五粮液1618，酒如人，于积淀中升华。

2007年五粮液精品60度

规　　格 I 60%vol　500ml

参考价格 I RMB 4,500

60%vol精品五粮液500ml装和包装盒

2007年五粮液经典68度套装

规　　格 | 68%vol　1000ml+500ml

参考价格 | RMB 8,580

相关记事:

　　68°五粮液可谓"名酒中的名酒",被消费者誉为"真正的好酒"。它秉承五粮液一贯之优良品质,精选五粮精华,采用独特酿酒古法和老窖发酵,经长年陈酿、精心勾兑,最后精酿而成醇香美酒。

　　68°五粮液浓香扑鼻,口感清爽甘冽、齿颊留香,将中式浓香型白酒的精髓发挥到极致,令人回味无穷,堪称中国白酒之珍品。

68%vol经典套装五粮液1000ml+500ml装

五粮液·步步高升

2007年8月14日72%vol五粮液龙酒

52%vol五粮液50ml装　　52%vol五粮液100ml装　　52%vol五粮液 225ml双瓶装　　52%vo

装　　　　52％vol五粮液 375ml装　　　　52％vol五粮液500ml装　　　　52％vol五粮液1000ml装

2008年水晶盒五粮液

规　　格 | 52%vol　500ml

参考价格 | RMB 3,800

相关记事:

2008 年，"五粮液酒传统酿造技艺"被国务院公布为国家级非物质文化遗产代表性项目。

3 月 28 日，召开 2007 年度股东大会，审议通过了"章程修改、增免董事"等 9 个议案。公司董事会认真执行了股东大会通过的各项决议和授权交办事项。

是年，5·12 汶川地震后，五粮液捐赠 7000 多万元用于灾后重建工作。

是年，在"2008 中国企业 500 强"的发布结果中，荣居第 199 位，成为进入 500 强的唯一一家白酒企业，并列"中国企业纳税 200 佳"第 84 名、"中国企业效益 200 佳"第 113 名。

2008 年度，公司监事会共召开了 3 次监事会会议，传阅和通讯审议议案 3 次，列席董事会会议 3 次。

2008年1月1日52%vol水晶盒五粮液500ml装

2008年长城五粮液（出口）

规　　格 I 52%vol　750ml

参考价格 I RMB 7,500

2008年6月20日52％vol出口长城五粮液750ml装

2009年长城五粮液（出口）

规　　格 I 52%vol　750ml

参考价格 I RMB 6,800

相关记事：

　　2009 年，五粮液集团获得"最具社会责任感企业"奖项。

　　2009 年，宜宾首次被中国轻工业联合会和中国酿酒工业协会联合授予"中国（宜宾）白酒之都"。

　　五粮液从 2009 年年初就启动了采用射频识别 （RFID）技术对其高端产品进行管理，走在了国内的前列。随着五粮液集团物联网（EPC）的应用，五粮液的国际化又向前迈出重要一步。物联网系统是在计算机互联网和射频识别技术的基础上，利用全球统一标识系统（GS1）编码技术给每一个实体对象一个唯一的代码，构造了一个实现全球物品信息实时共享的实物信息互联网。

2009年12月52%vol出口长城五粮液750ml装

2009年五粮液

规　　格 I 55%vol　1000ml 375ml

参考价格 I RMB 5,200

2009年55%vol水晶盒五粮液1000ml装

2009年五粮液原度酒

规　　　格 | 72%vol　500ml

参考价格 | RMB 5,680

相关记事:

　　原度酒采用五粮液600多年明代古窖原浆,不经任何勾兑添加,口感更为细腻甘醇,芳香更加浓馥,将中式浓香型白酒的精髓发挥极致,堪称回味无穷,是为中国白酒之中的珍品。

2009年1月4日/5日72%vol五粮液原度酒500ml装

2009年金属标45度五粮液

2010年45％vol金属标五粮液500ml装和包装盒

2009年4月7日45％vol金属标五粮液500ml装和包装盒

2010年水晶盒五粮液

规　　格 | 52%vol 68%vol　500ml
参考价格 | RMB 3,200／RMB 3,300

相关记事：

2010年，五粮液实现销售收入403.61亿元，实现利税111.55亿元；荣列中国企业500强第186位，中国制造业500强第89位，中国企业效益200佳第90位。

是年，五粮液集团公司总裁、股份公司董事长唐桥荣获"四川十大财经风云人物"大奖，以及"2010年度华人经济领袖"称号。

是年，香港、澳门五粮液旗舰店开业。

是年，五粮液集团获得"中国食品安全最具社会责任感企业"奖项。

2010年52%vol水晶盒五粮液500ml装　　　　2010年7月12日68%vol水晶盒五粮液500ml装

特征:

　　不用专业的防伪知识也能简易辨别真伪；芯片信息能便捷写入，完善物流管理流程；芯片级电子加密，无法复制；与防伪易碎标结合，无法被二次利用；每个防伪鉴定（RFID）对应唯一的身份证信息，全球唯一。

　　三码合一体，三码分别为：瓶码，位于单瓶瓶体或盒体上，由24位阿拉伯数字构成。具有唯一性。箱码，由白色不干胶张贴于整箱外侧，由包含24位阿拉伯数字的一维条码构成，具有唯一性。RFID码，有16位，由阿拉伯数字和字母构成，具有唯一性。此种唯一码相互关联，相互绑定。

1、RFID防伪查询说明：凭瓶盖外的电子防伪标在五粮液专卖店防伪查询机或五粮液专用RFID-I型防伪识别器上获得产品信息即可辨识真伪。更多信息请登陆网站查询：(http://www.pushia.com)。
2、光变油墨，在白然光下及普通光源下转换观察角度，可见该图案的颜色由绿色变为金色。
3、荧光油墨，在白然光及普通灯光下该区域为浅红色，使用荧光灯照射会显现为红色。
4、荧光油墨，在白然光及普通灯光下该区域为黄色，使用荧光灯照射会显现为绿色。
5、复杂缩索图纹，使该防伪标不易被仿冒。

打假举报电话：0831-3550311（打假办）
宜宾五粮液股份有限公司
在瓶盖开启处贴有外观如上的易碎防伪标

第七代五粮液酒（PFID防伪鉴定）简介

五粮液生产车间

2010年60度五粮液

规　　格 I 55%vol 60%vol　500ml

参考价格 I RMB 2,380 / RMB 2,650

55%vol水晶盒五粮液500ml装

2010年60%vol五粮液500ml装

五粮液勾兑中心

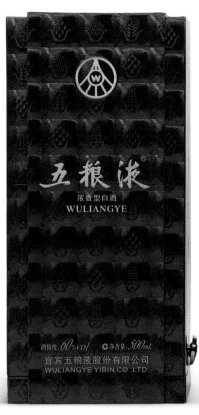

2006年60%vol五粮液500ml装　　　2010年60%vol五粮液500ml装　　　2015年60%vol五粮液500ml装

2011年水晶盒五粮液

规　　格 I 52%vol　500ml

参考价格 I RMB 2,860

相关记事：

　　2011 年 11 月，唐桥任四川省宜宾五粮液集团有限公司董事长、宜宾五粮液股份有限公司党委书记。

　　是年，刘中国当选为宜宾五粮液股份有限公司第四届董事会董事长、四川省宜宾五粮液集团有限公司总经理。

　　2011～2012 年，范国琼积极配合公司新产品开发与产品改进工作，充分发挥勾兑技术特长，对酒用原辅材料、设施进行质量控制。这期间，范国琼参与完成兼香型产品的酒体设计工作，开辟了公司从单一浓香产品生产向多香型产品拓展的新领域。

　　是年，首尔举办"世界名酒五粮液品鉴会"。

　　是年，五粮液获得行业唯一"全国食品工业科技进步优秀企业八连冠特别荣誉奖"。

　　1990 年、2003 年、2011 年，五粮液先后三次荣获"国家质量管理奖""全国质量管理奖""全国质量奖"，是白酒行业内唯一三度荣获中国质量权威奖项的白酒。

2011年52%vol水晶盒五粮液500ml装

2011年五粮液（国家标准样品）

规　　格 I 52%vol　250ml×2+50ml

参考价格 I RMB 6,300

2011年52%vol水晶盒五粮液250ml×2+50ml装

2012年68度豪华装五粮液

规　　格 I 68%vol　500ml

参考价格 I RMB 2,660

相关记事：

　　2012年，白酒行业全面走低，五粮液集团逆流勇进，达到历史性的销售业绩。实现营收272.01亿元，同比增长33.66%；实现净利润99.35亿元，同比增长61.35%；各项经济指标再创历史新高。

2012年68%vol豪华装五粮液500ml装和包装盒

2012年12五粮液

规　　格 I 52%vol　500ml

参考价格 I RMB 2,630

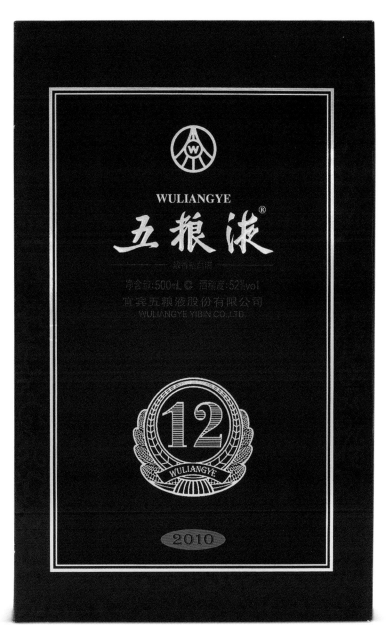

2012年3月19日52%vol 12五粮液500ml装和包装盒

2013年五粮液（豪华）

规　　格 I 52%vol　500ml

参考价格 I RMB 2,680

2013年52%vol豪华五粮液500ml装

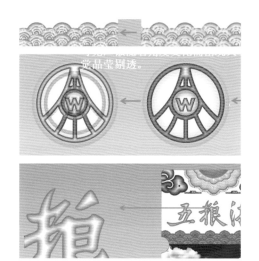

相关记事：

2013 年，中国酿酒行业全年共完成产量 7512 万千升，完成销售收入 8453 亿元，酒类及相关产品进出口总额 44.66 亿美元。其中，白酒产量 1226 万千升，销售收入 5018 亿元。

现归五粮液 501 车间使用的长发升、利川永、全恒昌、天赐福、听月楼、刘鼎兴、张万和、钟三和等老窖池遗址，是我国现存保存完好的地穴式曲酒发酵窖池群之一，是中国名酒五粮液产生、形成和发展的历史见证，也是中国历史酿酒工艺和传统的重要实物遗存，具有重要的科学研究价值和独特的历史人文价值。2013 年，被国务院公布为第七批全国重点文物保护单位。

是年，五粮液荣获中国品牌价值研究院、中央国情调查委员会、焦点中国网联合发布的 2013 年度中国品牌 500 强。

特征：

低度五粮液从上市开始就一直用的新激光标。

2013 年 12 月 20 日开始，五粮液水晶瓶装（普五）激光标换用新激光标。

新激光标的技术显示：

1.光率动画技术：可见厂徽随着角度变化而出现大小变化，视觉晶莹剔透。

2.曲光曲率动画技术：可见厂徽随着角度变化而出现大小变化，视觉晶莹剔透。强光照射下，变换角度，可以看到"正品"和"OK"的变化。防伪标下部五粮液厂徽为 360°全方位立体浮雕，可随观看角度不同 LOGO 逐渐改变外观大小。

3.微缩文字：防伪标上下各有一组微缩文字，可用不同倍率放大镜进行观察，微缩文字中有 4 种不同大小的文字。光学微透镜堆叠技术，在不同角度观察都能看到立体浮雕的高亮字体。

4.光控微透镜堆叠：防伪标正中有一排云彩图案，在阳光或强光下左右转动防伪标，可看见云彩中出现"OK"与"正品"文字。

5.动态旋转技术：360°全方位相对移动，随观看角度不同五粮液厂徽会旋转位移。

2013年五粮液（品鉴）

规　　格 I 52%vol　500ml

参考价格 I RMB 2,680

2013年7月17日52%vol品鉴五粮液500ml装

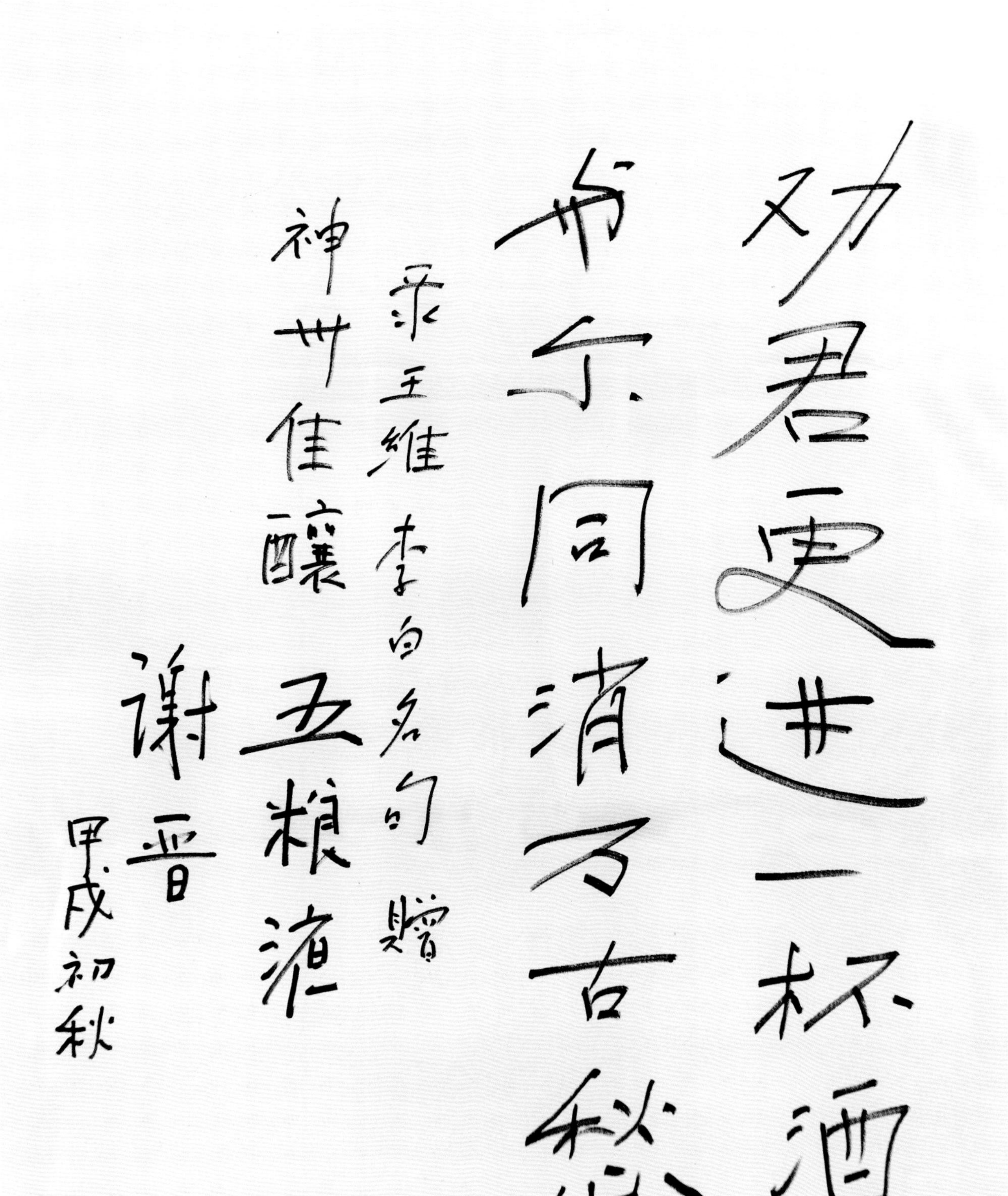

劝君更进一杯酒

与尔同消万古愁

神州佳酿
五粮液

录王维李白名句赠

谢晋
甲戌初秋

2014年水晶盒五粮液

规 格 I 52%vol 500ml

参考价格 I RMB 2,300

2014年52%vol水晶盒五粮液500ml装

五粮液赋

相关记事：

2014 年，因达到法定退休年龄，刘友金辞去公司副总经理、财务总监职务。后被返聘回五粮液集团担任酿酒生产技术专家。

2014 年 4 月，宜宾学院郭五林教授应意大利圣安娜大学校长之邀，前去世界著名葡萄酒产区意大利蒙特普齐亚诺市举办的东西方酒文化传统国际研讨会做大会报告。会议前后，郭五林教授与同行的尚书勇博士着重调研了意国波尔多酒文化，并将中国酒业与意大利的著名葡萄酒产区蒙特普齐亚诺进行了比照。整个调研从 4 月 9 日至 23 日共 15 天，深入考察了 6 个葡萄酒庄园，参观了数十家酒庄，对比分析了中、法、意三国的酒业发展典型模式，提出宜宾酒业发展建议。初稿完成后，多次修改完善，提供给酒类管理部门、酒类生产销售企业、酒类教学科研单位参考。

建议宜宾酒业从全球酒类市场着眼，定位自身在世界酒类市场中的地位和作用，明确自己的压力所在和动力源泉。把建设世界酒类产品集散中心和中国白酒营销中心作为宜宾酒业发展的目标，防止宜宾成为世界顶级白酒的代工基地，加速宜宾酒业国际化进程。深刻研究国际酒类市场的特点，创新驱动五粮液的国际化进程。

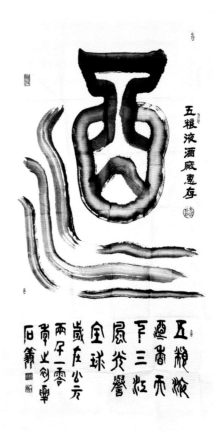

2014年水晶盒五粮液

规　　格 | 39%vol　500ml
参考价格 | RMB 1,480

2014年39%vol水晶盒五粮液500ml装

2014年新品交杯五粮液

2014年11月52％vol、39％vol、35％vol交杯牌新品五粮液375ml装和包装盒

2015年水晶盒五粮液

规　　格 I 52%vol　500ml

参考价格 I RMB 2,280

52%vol水晶盒五粮液500ml装

相关记事：

2015 年 7 月，澳大利亚悉尼举办"五粮液品鉴会"。

11 月，意大利米兰举办"五粮液品鉴会"。

11 月 27 日，五粮液在意大利米兰获得"2015 世界博览会金奖""百年世博，百年金奖""最受海外华人喜爱白酒品牌"等多项大奖。五粮液加快了国际化的步伐。

12 月，五粮液集团与英国爱乐乐团一起举办"五粮液品鉴会"。

五粮液获"百年金奖"荣誉证书

2016年水晶盒五粮液

规　　格 | 52%vol 48%vol　500ml

参考价格 | RMB 2,260 / RMB 1,580

2016年52%vol水晶盒五粮液500ml装

2016年48%vol水晶盒五粮液500ml装

2016年水晶盒五粮液

规　　格 I 45%vol　250ml 500ml

参考价格 I RMB 1,380／RMB 1,580

2016年45%vol水晶盒五粮液250ml装

2016年45%vol水晶盒五粮液500ml装

2017年交杯牌五粮液

规　　格 | 52%vol 39%vol　500ml

参考价格 | RMB 2,599／RMB 1,699

相关记事：

2017年，宜宾被评为"世界十大烈酒产区"之一。

3月22日，唐桥卸任五粮液集团董事长。李曙光担任五粮液集团有限公司党委书记、董事长及五粮液股份有限公司党委书记。

9月，德国法兰克福举办"五粮液品鉴会"。

是年，逐步将商标标识上"中国名酒、奖章"换为"中国宜宾、五种粮食"图案。

2017年6月1日52%vol交杯牌五粮液500ml装　　　2016年1月13日39%vol交杯牌五粮液500ml装

2017年五粮液

规　　格 | 52%vol　500ml
参考价格 | RMB 2,200 / RMB 2,480

相关记事：

　　"以金装，致金砖"，金装五粮液献礼金砖国家贵宾佳客，多次作为到访五粮液的外交官礼品。金装五粮液在传承五粮液高品质基础上，对其包装及口感进行了全面升级、"优中选优"，具有非常明显的典雅、高贵气质。

　　其外观延续经典五粮液传统瓶形，瓶身为金色烤漆瓶，彰显品牌形象。口感具有"香气悠久、味醇厚、入口甘美、入喉净爽、各味谐调、恰到好处、酒味全面"的风格特点。

2017年1月52%vol水晶盒五粮液500ml装　　　　　　2017年52%vol金装五粮液500ml装

2018年水晶盒五粮液

规　　格 | 52%vol 39%vol　500ml

参考价格 | RMB 2,080 / RMB 1,398

52%vol水晶盒五粮液500ml装

39%vol水晶盒五粮液500ml装

相关记事:

2018 年，"五粮液窖池群及酿酒作坊"荣获国家工业遗产称号。五粮液集团销售收入 931.14 亿元，同比增长 16.08%；利润总额 201.20 亿元，同比增长 40.09%；利税 323.45 亿元，同比增长 45.4%。

是年，曹鸿英被四川省政府评为首批"大熊猫文化全球推广大使"，负责带领团队将中国的"酒文化"推向全球，让世界了解中国的酒文化。

五粮液包装车间

2019年第八代五粮液

　　第八代五粮液是五粮液公司最经典的一款高端白酒，自得名至今已有111年历史，深受消费者喜爱和追捧。2019年全新上市以来，第八代经典五粮液秉承五粮液"精益求精"的工匠精神，在继承和延续经典基因的同时，对品质、包装、防伪进行三重升级，全面提升消费体验。1995年启用"晶质多棱瓶"至今，历经多年瓶型沿革，始终延续经典，瓶身曲线更柔和，质地更通透。

2019年9月23日52%vol第八代五粮液500ml装

相关记事：

  2019 年，五粮液集团公司销售收入 1080 亿，同比增长 16%；利税 391 亿，同比增长 21%；资产 1359 亿，同比增长 12%。全年产量为 20 万吨，是全球规模最大的酿酒生产基地，原酒储存能力 60 万吨。五粮液品牌位居"亚洲品牌 500 强"第 40 位，"2019 世界最具价值品牌 500 强"第 104 位，"中国品牌价值 100 强"第 3 位。

  8 月 16 日，由中国酒业协会主办的"老酒回家"暨"五粮液传世浓香·溯源之旅"在四川宜宾举行。在当天的拍卖环节上，五粮液公司拿出三瓶 1978 年产"长江大桥"牌五粮液，让众多藏家跃跃欲试，终被知名收藏家许大同先生以 130 万元价格拍得！此三瓶五粮液拍品有中国驻古巴、阿根廷前大使徐贻聪，中国奥运金牌第一人、健康中国推进委员会委员许海峰，中国人民解放军总政歌舞团男高音歌唱家阎维文，中国民生研究院特约研究员、《百家讲坛》主讲人纪连海，中国酒业协会理事长宋书玉，五粮液集团党委书记、董事长李曙光的联合签名。

  1966～1994 年，以"鼓型瓶"为标志的经典五粮液活跃在市场，并成为五粮液公司最具代表的经典形象之一。此款 1978 年生产的"长江大桥"牌五粮液，前接 1972 年"红旗牌"五粮液，后接 1979 年带有"优质"奖章的五粮液。20 世纪 80 年代初，五粮液正式停用"长江大桥"牌商标。因此，1978 年的此款五粮液是一段重要历史的见证。

2019年9月25日39%vol五粮液375ml装和包装盒

第八代五粮液酒鉴定方法

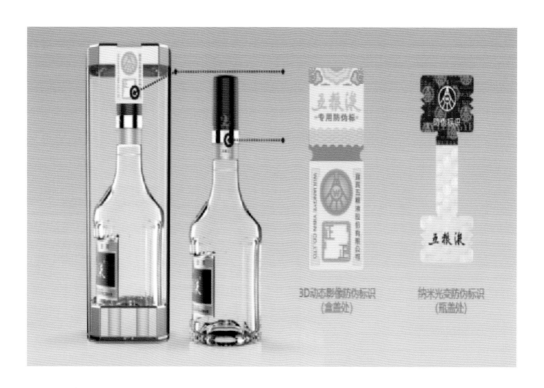

3D动态影像防伪标识
(盒盖处)

纳米光变防伪标识
(瓶盖处)

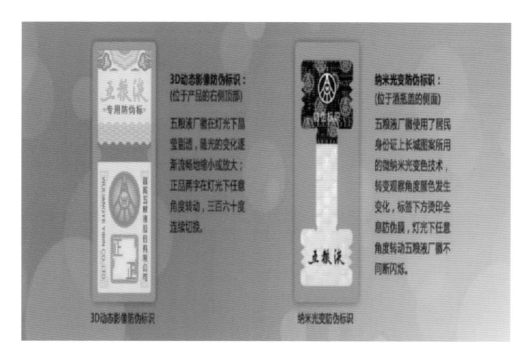

3D动态影像防伪标识：
(位于产品的右侧顶部)

五粮液厂徽在灯光下晶莹剔透，随光的变化逐渐流畅地缩小或放大；正品两字在灯光下任意角度转动，三百六十度连续切换。

3D动态影像防伪标识

纳米光变防伪标识：
(位于酒瓶盖的侧面)

五粮液厂徽使用了居民身份证上长城图案所用的微纳米光变色技术，转变观察角度颜色发生变化，标签下方烫印全息防伪膜，灯光下任意角度转动五粮液厂徽不同断闪烁。

纳米光变防伪标识

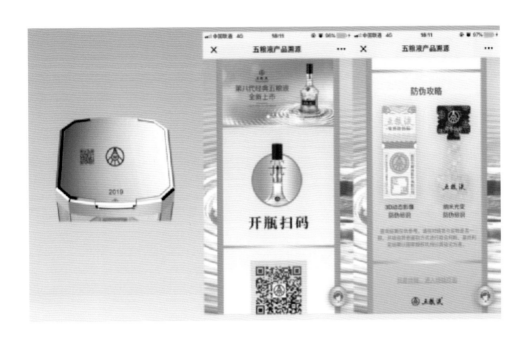

501五粮液

明　池　酿　造

651年酿造的芬芳

2019年501五粮液·明

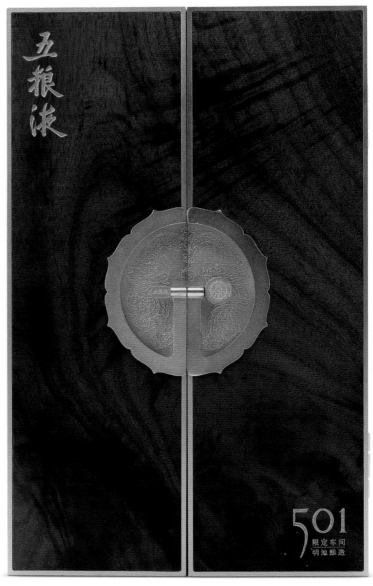

2019年52%vol 501五粮液500ml装和包装盒（试制品）

501五粮液瓶盖细图

501五粮液瓶盖细图

501五粮液限定编号

相关记事:

　　在2018年底，五粮液重新定义"高端"——501五粮液以"限定车间、限定窖池、限定匠人"确保产品高品质、稀缺性，被业内视为五粮液重构超高端产品标准的价值表达。白酒收藏界有言"藏文化不如藏酒"。"501五粮液"酒瓶传承了经典的"鼓形瓶"，具有浓郁的品牌风格和极高的辨识度。以"501五粮液·明代窖池酒"为例，它使用明代风格古门，瓶盖上运用了万历五彩，瓶颈上的海水江崖纹来自经典的明朝皇袍下摆，整体观之，形为明代的酒器。金丝楠木精制而成的明代古门造型的酒盒，以钥匙为门闩，打开大门，拿出酒瓶，盒子底部便能看到明池古窖的造型。

1932年，利川永大曲作坊附设五粮液制造部酒标。

2019年五粮液 珍酿1618

相关记事：

  五粮液1618是浓香型白酒的杰出代表。五粮液的酿造原料为红高粱、糯米、大米、小麦和玉米五种粮食。糖化发酵剂则以纯小麦制曲，有一套特殊制曲法，制成"包包曲"，酿造时，须用陈曲。用水取自岷江江心，水质清冽优良。发酵窖是陈年老窖，有的窖为明代遗留下来的。发酵期在70天以上，并用老熟的陈泥封窖。在分层蒸馏、量窖摘酒、高温量水、低温入窖、滴窖降酸、回酒发酵、双轮底发酵、勾兑调味等一系列工序上，五粮液酒厂都有一套丰富而独到的经验，充分保证了五粮液品质优异，长期稳定，在中外消费者中博得了美名。其五谷杂粮的特殊工艺，恰到好处地融合了五种粮食的精华，规避了其他白酒用单一红粮，酿酒风味单一、口感欠佳的缺陷，形成了"香气悠久、味醇厚、入口甘美、入喉净爽、各味谐调、恰到好处、尤以酒味全面"著称的酒体风格，其独有的自然生态环境、600多年的明代古窖、五种粮食配方、酿造工艺、中庸品质、"十里酒城"等六大优势，成为当今酒类产品中出类拔萃的珍品。

2019年4月16日52%vol五粮液3000ml装

2019年五粮液 珍酿1618（限量版）

规　　格 I 52%vol　3000ml

参考价格 I RMB 20,300

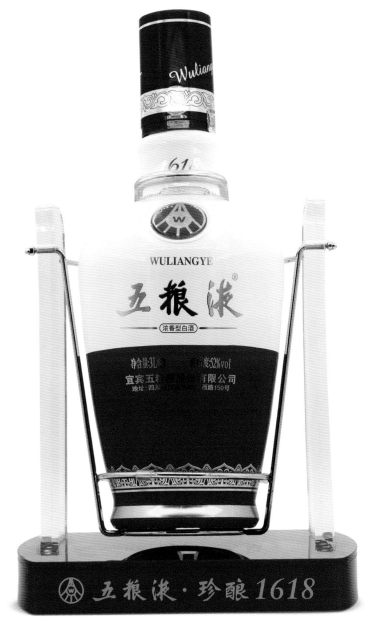

2019年52%vol五粮液·珍酿1618酒3000ml装

五粮液1618·步步高升

2015年4月26日52%vol 1618品鉴专用五粮液500ml

52%vol 1618五粮液50ml　　52%vol 1618五粮液250ml装　　52%vol 1618五粮液500ml装　　52%vol

ml装　　　　　　　52%vol 1618五粮液900ml装　　　　　　52%vol 1618（上品）五粮液1618ml装

2020年第八代五粮液·步步高升

规　　格｜52%vol　1000ml 750ml 500ml 375ml 250ml 100ml 50ml

52%vol五粮液50ml装　　52%vol五粮液100ml装　　52%vol五粮液250ml装　　52%vol五粮液375ml装

52%vol五粮液500ml装　　　　　52%vol五粮液750ml装　　　　　　　52%vol五粮液1000ml装

2020年经典五粮液

规　　格 I 52%vol　500ml

参考价格 I RMB 2,899

特征：

　　经典五粮液外形采用梅瓶造型，瓶盖采用暗金色，上面印制五粮液公司 Logo，四周镌刻水纹花纹；瓶颈处雕刻菱形花纹，宛如水晶腰带；瓶身商标以宫墙红为主，缀以岁月流金立体字，极具年代感；底部采用内凹花样设计，仿若白莲盛开；整个瓶身晶莹剔透，线条流畅，丰姿优美。

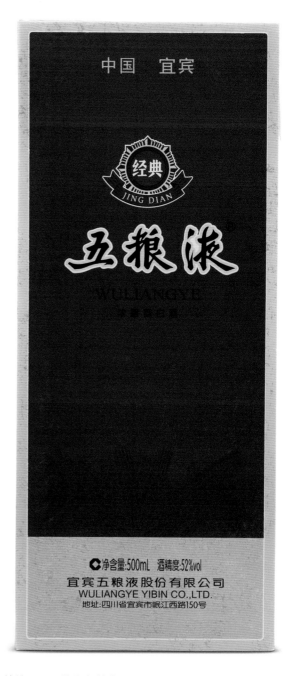

2020年52%vol经典五粮液500ml装和包装盒

第六章

生肖酒·星座酒

1998年五粮液（生肖酒）

规　　格 I 52%vol　500ml+100ml

参考价格 I RMB 240,000（1×12瓶）

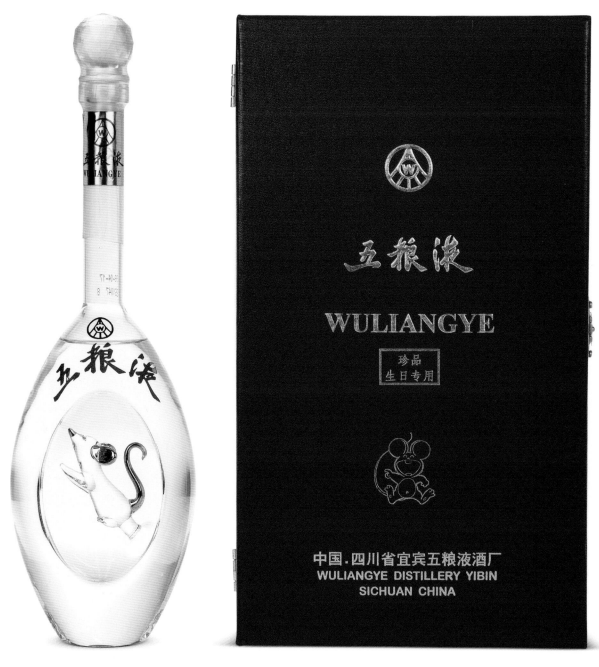

52%vol五粮液生肖·鼠500ml装和包装盒

技术人员精心勾调，细致研究。

相关记事：

1998 年 5 月，五粮液被四川省人民政府评为"98′ 用户满意特别产品"。

在中国企业管理协会、中国企业家协会进行的"98′ 全国市场产品竞争力调查"结果中，"五粮液"位列白酒类消费者心中理想品牌第一名，实际购买品牌第一名，1999 年购物首选品牌，并荣获 1998 年中国家庭爱用产品。

中国行业企业信息发布中心发布：五粮液白酒位列 1998 年全国市场同类产品销量前十名，排列第一。

1998 年，刘沛龙被授予"全国食品行业质量管理优秀领导者"称号。是年，被认定和批准为"首批宜宾市学术和技术带头人"

1998 年首款生肖五粮液，精选五粮液主体优质基础酒，经首席勾调大师用明代老窖所酿调味酒精心勾调，特质陶坛储存 5 年以上而成。其口感更加细腻甘醇，芳香浓郁，陈香舒适，清爽宜人，各味谐调，恰到好处。酒瓶引进意大利先进制作工艺精心制作，是不可多得的收藏艺术品，升值潜力巨大。

1998年五粮液（生肖酒）

规　　格 I 52%vol　500ml+100ml

参考价格 I RMB 240,000（1×12瓶）

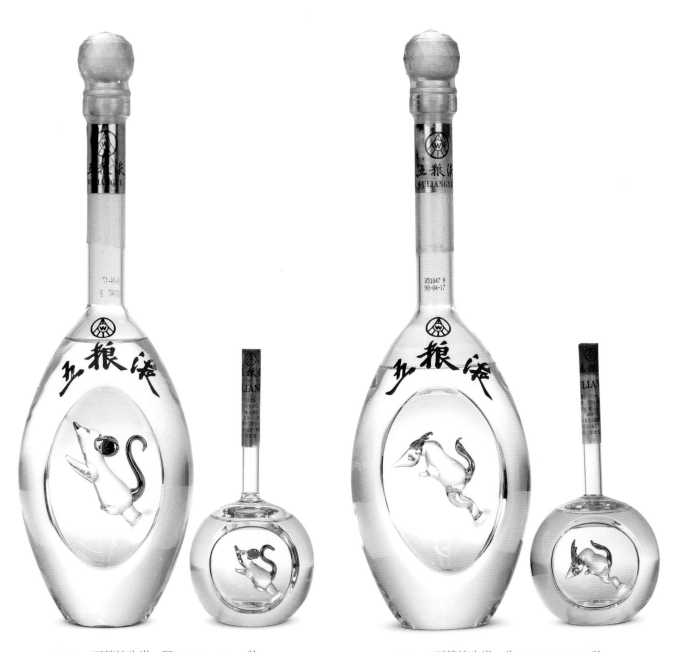

52%vol五粮液生肖·鼠500ml+100ml装　　　　　52%vol五粮液生肖·牛500ml+100ml装

52%vol五粮液生肖·虎500ml+100ml装   52%vol五粮液生肖·兔500ml+100ml装

1998年五粮液（生肖酒）

规　　格 I 52%vol　500ml+100ml

参考价格 I RMB 240,000（1×12瓶）

52%vol五粮液生肖·龙500ml+100ml装　　　　　　52%vol五粮液生肖·蛇500ml+100ml装

52%vol五粮液生肖·马500ml+100ml装　　　　　52%vol五粮液生肖·羊500ml+100ml装

1998年五粮液（生肖酒）

规　　格 I 52%vol　500ml+100ml

参考价格 I RMB 240,000（1×12瓶）

52%vol五粮液生肖·猴500ml+100ml装　　　　　52%vol五粮液生肖·鸡500ml+100ml装

52%vol五粮液生肖·狗500ml+100ml装　　　　52%vol五粮液生肖·猪500ml+100ml装

2016年五粮液（生肖酒）

规　　格 I 52%vol　500ml

参考价格 I RMB 29,800（1×12瓶）

相关记事：

　　根据中国古代十二生肖传说而生产的套装纪念版白酒，拥有稀缺、专属的文化特征：纪念意义凸显，收藏意义明显，专属价值明确，实为一款兼具高品质、高立意、高颜值的"三高"产品。包装采用一箱一码，密码需要刮开涂层后打电话获取，密码的不易获取性保证了酒的品质。每套酒箱中配套一个带编号的收藏证书，具有收藏价值。

2016年7月7日52%vol五粮液生肖·鼠、牛、虎500ml装

2016年7月7日十二生肖套装礼盒

2016年7月7日52%vol五粮液生肖·兔、龙、蛇500ml装

2016年五粮液（生肖酒）

2016年7月7日52%vol五粮液生肖·马、羊、猴500ml装

2016年7月7日52%vol五粮液生肖·鸡、狗、猪500ml装

2005年五粮液（生肖鸡）

规　　格 I 52%vol　480ml

参考价格 I RMB 18,600

52%vol生肖鸡五粮液480ml包装盒

52%vol生肖鸡五粮液480ml装

2006年五粮液（十二生肖酒）

规　　格 I 52%vol　500ml+100ml

参考价格 I RMB 35,800（1×12瓶）

2006年3月22日52%vol十二生肖五粮液500ml+100ml装（鼠、牛、虎、兔、龙、蛇、马、羊、猴、鸡、狗、猪）和包装盒

2008年五粮液（财气如牛）

规　　格 | 52%vol　500ml

参考价格 | RMB 2,980

2008年12月22日52%vol财气如牛五粮液500ml装

2010年五粮液（祝君兔年吉祥）

规　　格 I 52%vol　500ml

参考价格 I RMB 3,980

2010年12月10日52%vol祝君兔年吉祥五粮液500ml装

2011年五粮液（祝君兔年吉祥）

规　　格 I 52%vol　1500ml

参考价格 I RMB 29,800

2011年52%vol祝君兔年吉祥五粮液1500ml装

2012年五粮液（祝君龙年吉祥）

规　　格 I 52%vol　1500ml

参考价格 I RMB 29,800

2012年4月11日52%vol祝君龙年吉祥五粮液1500ml装

2012年五粮液（祝君蛇年吉祥）

规　　格 I 52%vol　1500ml

参考价格 I RMB 29,800

2012年12月16日52%vol祝君蛇年吉祥五粮液1500ml装

2015年五粮液（祝君猴年吉祥）

规　　格 | 52%vol　500ml

参考价格 | RMB 3,980

2015年12月22日52%vol祝君猴年吉祥五粮液500ml装

2017年五粮液（祝君鸡年吉祥）

规　　格 | 52%vol　500ml

参考价格 | RMB 3,980

2017年1月9日52%vol祝君鸡年吉祥五粮液500ml装

2018年五粮液（祝君虎年吉祥）

规　　格 | 52%vol　500ml

参考价格 | RMB 3,980

2018年9月3日52%vol祝君虎年吉祥五粮液500ml装

2018年五粮液（祝君龙年吉祥）

规　　格 I 52%vol　500ml

参考价格 I RMB 3,980

2018年5月9日52%vol祝君龙年吉祥五粮液500ml装

2018年五粮液（祝君蛇年吉祥）

规　　格 | 52%vol　500ml

参考价格 | RMB 3,980

2018年10月16日52%vol祝君蛇年吉祥五粮液500ml装

2018年五粮液（祝君马年吉祥）

规　　格 I 52%vol　500ml

参考价格 I RMB 3,980

2018年12月25日52%vol祝君马年吉祥五粮液500ml装

2018年五粮液（祝君羊年吉祥）

规　　格 I 52%vol　500ml

参考价格 I RMB 3,980

2018年9月21日52%vol祝君羊年吉祥五粮液500ml装

2018年五粮液（祝君狗年吉祥）

规　　格 l 52%vol　500ml

参考价格 l RMB 3,980

2018年4月4日52%vol祝君狗年吉祥五粮液500ml装

2018年五粮液（祝君猪年吉祥）

规　　格 I 52%vol　500ml

参考价格 I RMB 3,980

2018年6月1日52%vol祝君猪年吉祥五粮液500ml装

2019年五粮液（祝君鼠年吉祥）

规　　格 | 52%vol　500ml

参考价格 | RMB 3,980

2019年12月12日52%vol祝君鼠年吉祥五粮液500ml装

2019年五粮液（祝君猪年吉祥）

规　　格 I 52%vol　500ml
参考价格 I RMB 3,980

2019年2月20日52%vol祝君猪年吉祥五粮液500ml装

2021年五粮液（祝君牛年吉祥）

规　　格 I 52%vol　500ml

参考价格 I RMB 3,980

2021年3月16日52%vol祝君牛年吉祥五粮液500ml装

2021年第八代五粮液（牛年纪念酒）

规　　格 I 52%vol　500ml

参考价格 I RMB 1,599

2021年52%vol第八代五粮液牛年纪念酒500ml装

2017～2020年五粮液（生肖纪念酒）

规　　格 I 52%vol　375ml　500ml

参考价格 I RMB 1,199／RMB 1,299／RMB 1,299／RMB 1,899

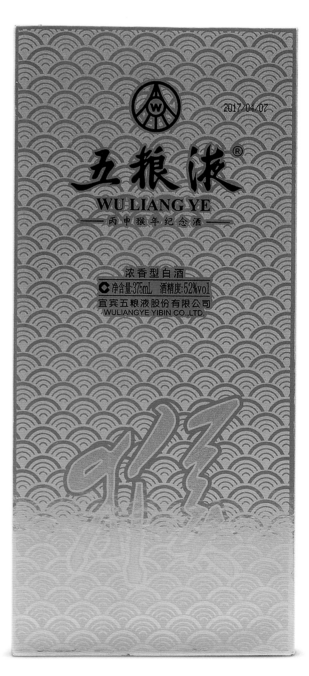

2017年4月7日52%vol丙申猴年纪念酒五粮液375ml装

2017年9月5日52%vol丁酉鸡年纪念酒五粮液500ml装

2019年6月21日52%vol乙亥猪年纪念酒五粮液500ml装

2020年6月23日52%vol庚子鼠年纪念酒五粮液500ml装

1999年五粮液精品星座酒·高度

规　　格 | 52%vol　420ml

参考价格 | RMB 158,000（1×12瓶）

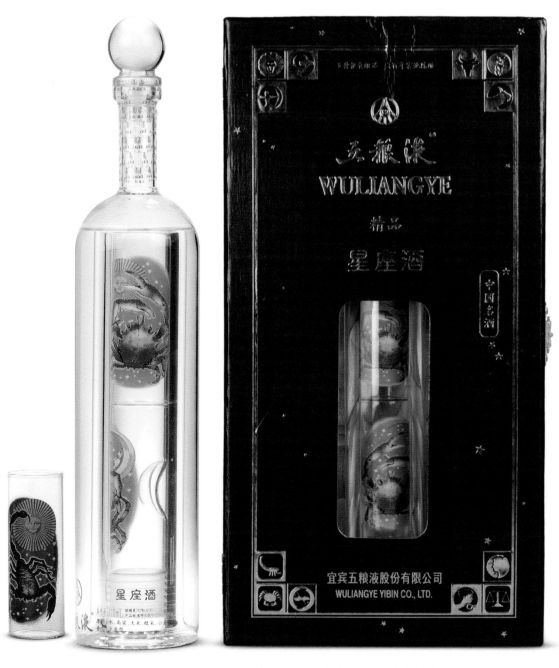

52%vol五粮液精品星座酒·高度420ml装和包装盒

1999年五粮液精品星座酒·低度

规　　格 I 39%vol　420ml

参考价格 I RMB 138,000（1×12瓶）

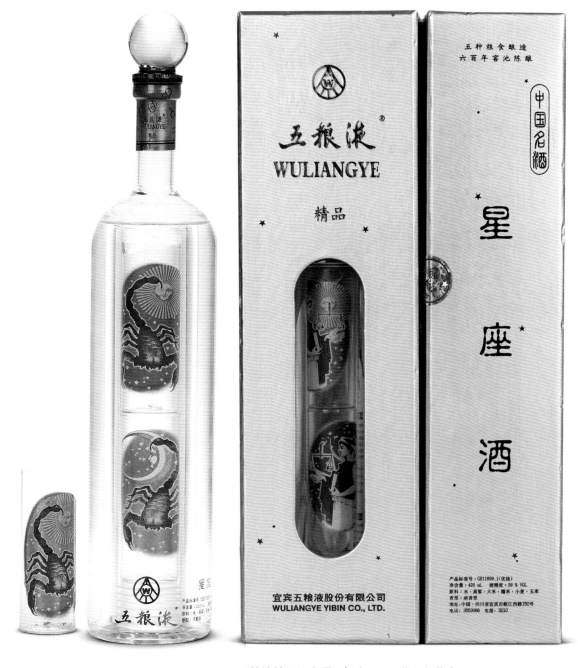

39%vol五粮液精品星座酒·低度420ml装和包装盒

1999年五粮液精品星座酒·高度

规　　格 I 52%vol　420ml

参考价格 I RMB 158,000（1×12瓶）

白羊座

金牛座

双子座

巨蟹座　　　　　　　　　　狮子座　　　　　　　　　　处女座

1999年五粮液精品星座酒·高度

规　　格 I 52%vol　420ml

参考价格 I RMB　158,000（1×12瓶）

天秤座　　　　　　　　　　天蝎座　　　　　　　　　　射手座

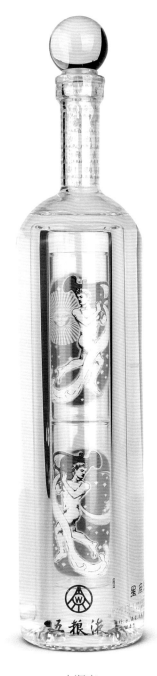

摩羯座　　　　　　　　　　　　　水瓶座　　　　　　　　　　　　　双鱼座

1999年五粮液精品星座酒·低度

规　　格 I 39%vol　420ml

参考价格 I RMB 138,000（1×12瓶）

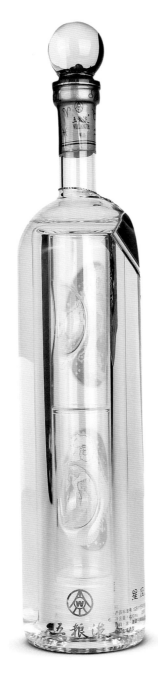

白羊座　　　　　　　　　　金牛座　　　　　　　　　　双子座

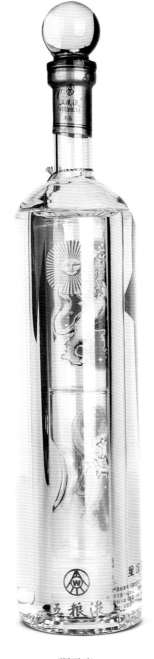
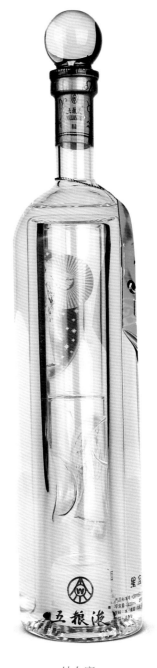

巨蟹座   狮子座   处女座

1999年五粮液精品星座酒·低度

规　　格 I 39%vol　420ml

参考价格 I RMB 138,000（1×12瓶）

天秤座　　　　　　　　　　　　天蝎座　　　　　　　　　　　　射手座

摩羯座   水瓶座   双鱼座

第七章

纪念酒·文创酒·复刻酒

1997年五粮液（香港回归纪念酒）

规　　格 I 52%vol　1000ml

参考价格 I RMB　188,000

52%vol香港回归五粮液纪念酒1000ml装

此款纪念酒是1997年7月1日庆祝香港回归五粮液纪念酒，寓意1997个祝福献给祖国。限量生产1997瓶。外包装盒、酒瓶、酒标与当年普通包装五粮液无一相同。酒盒、酒标、喷码、绝版说明书都印有独立编号，升值潜力巨大。

1997年52%vol香港回归五粮液纪念酒1000ml装证书

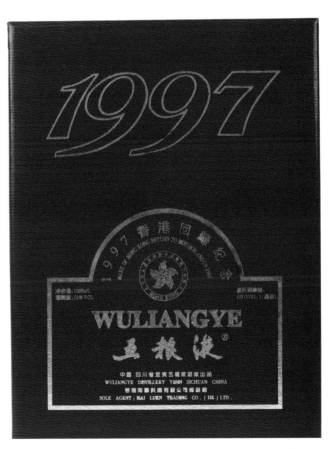

1997年52%vol香港回归五粮液纪念酒1000ml装包装盒

1999年五粮液（热烈庆祝中华人民共和国成立五十周年）

规　　格 I 52%vol　500ml

参考价格 I RMB 158,000

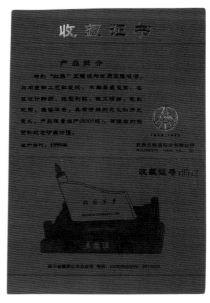

收藏证书

52%vol五粮液500ml装

相关记事:

　　祝贺新中国成立 50 周年，五粮液集团特别推出"新中国成立五十周年纪念五粮液"。此款五粮液采用最新工艺的红瓷瓶、木雕基座包装，设计新颖，造型别致，做工精细，色彩艳丽，雍容华贵。特制"红旗"五粮液限量生产 5000 瓶，非常具有观赏性和纪念珍藏价值。

52%vol五粮液500ml装包装盒

1999年五粮液（澳门回归纪念酒）

规　　格 I 52%vol　600ml

参考价格 I RMB　188,000

相关记事：

　　1999 个祝福献给祖国，1999 瓶国酒载入史册。在澳门回归祖国之际，特隆重推出纪念澳门回归祖国特制收藏珍品五粮液，以醇厚的情意庆祝这一世纪盛事。该藏品整体造型以战国时期出土的"青铜马车"为构图基础，四马御车喜载而归的凯旋场面。四角以 24K 镀金柱和 24K 镀金链装饰，并镶嵌 24K 镀金纪念币。酒瓶为特质手工雕刻水晶玻璃瓶。绝版发行，精典奉献，收藏价值较高。

52%vol澳门回归五粮液纪念酒600ml装包装盒

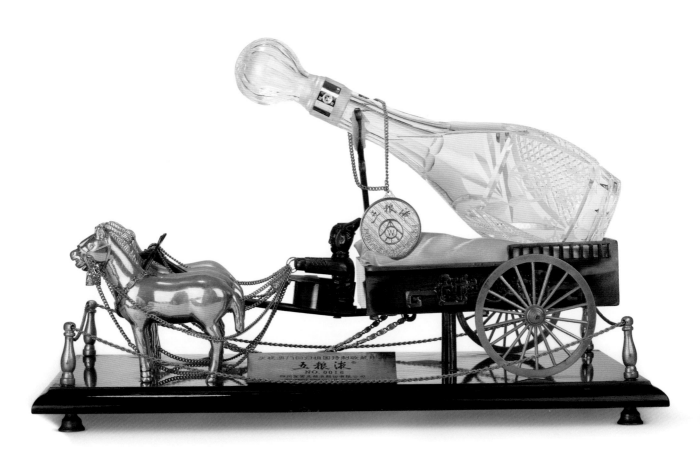

1999年12月20日52%vol 澳门回归五粮液纪念酒600ml装

2000年五粮液（公元2000年龙年纪念酒）

规　　格 I 52%vol　3000ml 2800ml 1500ml 1400ml

参考价格 I RMB 88,000／RMB 85,000／RMB 45,000／RMB 43,000

五粮液公元2000年龙年纪念酒出厂证明书

52%vol五粮液公元2000年龙年纪念酒3000ml/2800ml/1500ml/1400ml装

2005年五粮液（巴拿马金奖纪念酒）

规　　格 | 60%vol　500ml

参考价格 | RMB 281,000

60%vol五粮液巴拿马金奖纪念酒500ml装

检验证书

收藏证书

相关记事：

2005 年 4 月，五粮液在由国家统计局、中央电视台等单位联合举办的权威大型品牌评比活动中，荣膺"2005CCTV 我最喜爱的中国品牌"称号。

同月，已被认定为国宝级文物的五粮液老窖泥，在北京中华世纪坛举行的世纪国宝展中精彩亮相，并被中国国家博物馆永久收藏。具有 600 多年历史的五粮液老窖泥，因为每克干窖泥富含数亿个微生物，对五粮液的酒质起着至关重要的作用，故每克价值远高于黄金。这块被收藏的古窖泥，是世界酿酒领域中现存最古老的一块泥池酒窖窖泥，自明朝开国之年至今未曾间断使用，生长着数以亿万计的有益微生物活体，是异常罕见的"活文物"。

珍稀的五粮液明初古窖泥，现代科技也无法复制。美国、日本等一些科学发达的国家，曾借用当今最先进的科学技术，分析五粮液古窖泥中的成分，试图培养自己的"老窖"，但至今都没有成功。

6 月，经申报、认定、批准，五粮液的传统酿造工艺被列入"非物质文化遗产"。五粮液明代古酒窖泥被中国五家博物馆永久收藏。

9 月，五粮液被西藏自治区成立 40 周年办公室指定为大庆宴用白酒，并正式进入拉萨大昭寺，成为吉祥圣母殿的永久供奉护法酒。

2005 年，五粮液酒厂继续保持规模和效益高速增长，实现工业总产值 152.5 亿元、销售收入 156.65 亿元，利税 41.85 亿元，出口创汇 1.44 亿美元。员工超过 2 万人，形成"十里酒城"的规模。

2009年五粮液（建国60周年纪念酒）

规　　格 | 55%vol　750ml
参考价格 | RMB 16,800

相关记事：

　　从1949年之前传统手工作坊到如今"中国酒业大王"，五粮液与时俱进，一路向前。

　　六十载岁月流芳，一代代五粮液人的辛劳和汗水，方铸就王者般恢宏气势，如勋章镌刻荣誉。

2009年9月22日55%vol五粮液750ml装

2010年五粮液（得名一百周年纪念酒）

规　　格 | 56%vol　1000ml　500ml

参考价格 | RMB 12,800 / RMB 6,800

相关记事：

　　3000 年历史渊源流长，100 年得名美誉流芳，五粮液得名一百周年纪念酒，以酒之尊崇，表达对前人酿酒贡献的感激之情，传达对今日成就的赞扬之意。

　　百年大成，酒王之尊。

　　五粮液一百周年纪念酒是五粮液集团超高端系列中的核心战略产品，为庆祝五粮液得名一百周年而推出的顶级纪念珍藏酒，该酒汇聚五粮液酿酒工艺之精华，汲取 639 年窖池之底蕴，采用独特酿酒古法，为臻至尽善尽美之顶级产品。

2010年5月27日56%vol五粮液得名一百周年纪念酒1000ml装　　　2012年56%vol五粮液得名一百周年纪念酒500ml装

2011年五粮液（国宾纪念酒）

规　　格 l 52%vol　500ml

参考价格 l RMB 2,480

2011年9月19日52%vol五粮液国宾纪念酒500ml装和包装盒

2018年五粮液（茅五会见纪念酒）

规　　格 I 52%vol　2250ml

参考价格 I RMB 118,000

2018年1月23日52%vol五粮液2250ml装和包装盒

2011年五粮液（百年珍藏 清华100年纪念）

规　　格 I 52%vol　500ml

参考价格 I RMB 8,000

2011年52%vol五粮液500ml装（白）

2011年五粮液（百年珍藏 清华100年纪念）

规　　格 I 52%vol　500ml

参考价格 I RMB 8,000

2011年4月16日52%vol五粮液500ml装（青）

2013年五粮液（"十八大"珍藏纪念酒）

规　　格 I 55%vol　1800ml
参考价格 I RMB 28,800

相关记事：

　　五粮液为庆祝中国共产党第十八次全国代表大会胜利召开，特制纪念酒55°1.8升。限量发行28000瓶，向党的十八大献礼，同时配套中国邮政为十八大发型的小型张1枚，纪念邮票2枚。

　　五粮液中共十八大纪念酒带"特制纪念"字样，是五粮液大事件系列纪念酒第一次亮相。

2013年7月31日55%vol五粮液特制纪念酒1800ml装和包装盒

2016年五粮液（百年世博 传世荣耀收藏酒）

规　　格 I 60%vol　999ml

参考价格 I RMB 9,999

收藏证书内容：

　　百年世博　世纪荣耀五粮液是甄选自现存使用至今的明代窖池生产的原酒，由国家级酿酒大师逐一筛选、调制。品质卓尔不凡，弥足尊贵。选用独特的999毫升包装规格，寓意长长久久。同时，每瓶收藏酒都拥有唯一身份编号，全球限量发行9999瓶，值得珍藏。

收藏证书

2016年7月60%vol五粮液999ml装

改革开放40周年五粮液纪念酒

相关记事：

　　"改革开放 40 周年纪念"大事件主题 40 瓶套装五粮液纪念酒源自有着 600 多年积淀的明代古窖池。酒体通过优中选优，国家级酿酒大师精心调制，至臻之选，卓尔不凡，品质高绝，弥足珍贵。

十一届三中全会

中美建交

建立深圳等四个经济特区

女排五连冠

确定"建设中国特色社会主义"奋斗目标

我国第一台亿次计算机"银河"研制成功

洛杉矶奥运会成功举办

南极长城站

提出"一个中心、两个基本点"的基本路线

正式启动863计划

海南省正式成立

正式发起希望工程公益事业

上海证交所成立

秦山核电站

南方谈话

第一届东亚运动会成功举办

中国接入互联网

"双休日"制度正式开始实施

钢产量破亿

香港回归

纪念酒采用并创新了五粮液经典鼓型瓶，邀请国内多位产品设计专家共同参与，瓶体 W 形勾勒和金色色块全部使用 24K 纯金金水手描，大事件主题融入具有时代历史意义的元素，色泽饱满，新颖独特，优雅尊贵，不惜工本，追求极致，凸显其酒款独特、稀缺、个性的高端五粮液特性。

抗洪救灾

澳门回归

"三个代表"理论正式提出

中国加入世贸组织

西气东输　南水北调

神舟五号载人
飞行圆满成功

正式提出了"建立和谐社会"
的历史目标

神舟六号载人
飞行圆满完成

青藏铁路开通

嫦娥一号抵达月球

第二十九届夏季奥利匹克
运动会成功举办

首条高铁正式开通

上海世界博览会成功举办

金砖国家峰会成功举办

辽宁舰航母下海

提出建设"丝绸之路经济带"
和"21世纪海上丝绸之路"

APEC峰会成功举办

亚投行正式成立

杭州成功举办G20峰会

雄安新区设立

2018年五粮液（澳门回归18周年纪念酒）

规　　格 I 52%vol　2500ml 500ml

参考价格 I RMB 19,900／RMB 3,980

2018年52%vol五粮液2500ml装　　　　　2018年5月15日52%vol五粮液500ml装

2018年五粮液（改革开放四十周年纪念）

规　　格 I 52%vol 39%vol　800ml

参考价格 I RMB 2,980 / RMB 2,780

相关记事：

　　"改革开放40周年纪念"产品（39°、52°）是五粮液为致敬中国改革开放40周年打造的纪念性产品，拥有稀缺、专属的产品特点。纪念意义凸显，专属价值明确，收藏价值不言而喻。

　　瓶体设计以五粮液经典鼓形瓶为基础，瓶身由抽象而现代的钢架连接而成，寓意着现代化建设与全国人民团结一致坚定不移的改革开放；瓶体 W 形勾勒和金色色块全部使用 24K 纯金金水，专业技工纯手工勾描。多年保存，也不会有任何褪色。

2018年7月3日52%vol五粮液800ml装　　　　　　2018年8月17日39%vol五粮液800ml装

2018年五粮液（纪念酒）

规　　格 l 60%vol　500ml

参考价格 l RMB 15,800（整套）

相关记事：

　　五粮液一个世纪的民族白酒品牌，凝聚了一个世纪的浓香典藏。1915年巴拿马万国博览会的金奖殊荣，让五粮液走出国门、香飘世界。2015年，正值五粮液荣膺巴拿马金奖百年之际，"五粮液百年荣耀纪念酒"应运而生，向百年巴拿马金奖致敬，向五粮液辉煌献礼。

　　6瓶套装，分别铭刻着1915、1964、1979、1984、1989、1995的历史焰印。每一瓶都是五粮液辉煌的历史丰碑，每一瓶都是浓香大成的经典演绎。60°特制浓香五粮液，30年陈酿勾兑，滴滴浓香无不蕴含着顶级酿酒大师的匠心，谨以此向世界展示五粮液的品牌魅力和永恒不变的金牌品质。

2018年11月5日纪念1915
60%vol五粮液500ml装

2018年11月5日纪念1963
60%vol五粮液500ml装

2018年11月5日纪念1979
60%vol五粮液500ml装

百年的荣耀历程，百年的品牌缔造，成就了"五粮液百年荣耀纪念珍藏酒"的卓越品质和尊贵奢华。6款特制瓶型，6樽特酿浓香，记忆着五粮液百年来的经典时刻。"五粮液百年荣耀纪念珍藏酒"，不仅是五粮液百年荣耀的铭刻，更是新时代继续辉煌的开端。

2018年11月5日纪念1984　　　　2018年11月5日纪念1989　　　　2018年11月5日纪念1995
60％vol五粮液500ml装　　　　　60％vol五粮液500ml装　　　　　60％vol五粮液500ml装

2019年五粮液（建国70周年）

规　　格 I 70%vol　3000ml 1500ml 500ml

参考价格 I RMB 29,800（套装）

建国70周年包装盒

2019年5月18日70%vol建国70周年五粮液3000ml+1500ml+500ml装

2019年五粮液（第七代经典限量收藏版）

相关记事：

第七代经典五粮液，具备无可比拟的时代价值。在近 20 年的岁月里，随着中国白酒消费高速增长，五粮液凭借独特且过硬的生产工艺和品质，执着笃定的工匠精神，引领着行业为消费者创造价值，使白酒成为美好生活的重要见证，这一代经典五粮液也成为一代人的重要记忆。

第七代经典五粮液于 2019 年 5 月底停止生产，并升级为第八代产品。最后一批第七代经典五粮液产品称为"第七代经典五粮液限量收藏版"，每箱拥有一份收藏证书。

收藏证书（正面）

收藏证书（背面）

2019年52%vol第七代经典五粮液限量收藏版五粮液500ml装

2005年水晶盒五粮液（文创酒）

规　　格 I 68%vol　500ml

参考价格 I RMB 3,800

2005年1月68%vol水晶盒五粮液500ml装

2006年五粮液（文创酒）

规　　格 | 56%vol　500ml

参考价格 | RMB 2,680

2006年56%vol 18五粮液500ml装和包装盒

2008年豪华装68度五粮液

规　　格 I 68%vol　500ml

参考价格 I RMB 3,180

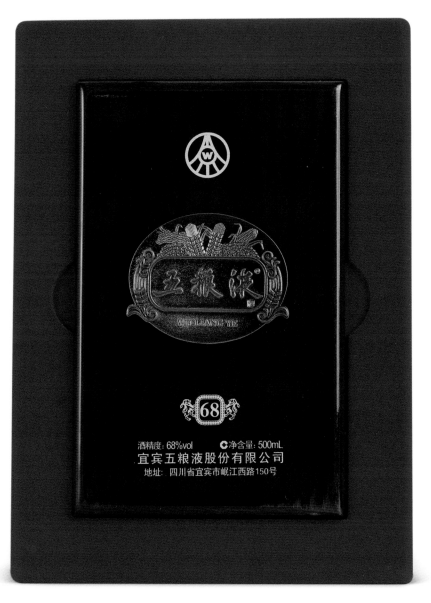

2008年68%vol豪华装五粮液500ml装和包装盒

2010年49度五粮液

规 格 | 49%vol 500ml 950ml
参考价格 | RMB 2,900／RMB 5,500

2010年3月12日49%vol五粮液500ml装 2010年3月15日49%vol五粮液950ml装

2009年五粮液景泰蓝珍品（五粮之花）

规　　格 I 56%vol　1000ml

参考价格 I RMB 88,000

相关记事：

　　酒体风格：五粮液经典香型，香气悠扬雅致、酒味醇厚圆润，入口甘美、入喉净爽、各味谐调恰到好处，是当今白酒产品中的惊世佳酿，高端礼仪、馈赠的绝佳之选。

　　工艺路线：五粮液酒是浓香型大曲酒的典型代表，它以高粱、糯米、大米、小麦和玉米五种粮食为酿造原料，通过按比例精选辅料、蒸糟拌曲、封窖发酵、蒸馏摘酒、储存勾兑、检验包装等一整套独特完整而严谨的工艺制成。

2009年3月13日56%vol五粮液景泰蓝珍品五粮之花1000ml装

2009年五粮液景泰蓝珍品（龙腾四海）

规　　格 | 56%vol　750ml

参考价格 | RMB 55,800

相关记事：

　　酒体风格：五粮液经典香型，香气悠久、酒味醇厚、入口甘美、入喉净爽、各味谐调、恰到好处、酒味全面，是当今白酒产品的惊世之作，高端礼仪、馈赠的上佳之选。

　　工艺路线：五粮液酒是浓香型大曲酒的典型代表，它以高粱、糯米、大米、小麦和玉米五种粮食为酿造原料，通过按比例精选辅料、蒸糟拌曲、封窖发酵、蒸馏摘酒、储存勾兑、检验包装等一整套独特完整而严谨的工艺制成。

2009年56%vol五粮液景泰蓝珍品龙腾四海750ml装

2009年五粮液景泰蓝珍品（龙凤呈祥）

规　　格 I 56%vol　750ml

参考价格 I RMB 118,000

相关记事:

　　酒体风格：五粮液经典香型，香气悠扬雅致、酒味醇厚圆润，入口甘美、入喉净爽、各味谐调、酒体全面，是当今白酒产品中的惊世佳酿，高端礼仪、馈赠的绝佳之选。

　　工艺路线：五粮液酒是浓香型大曲酒的典型代表，它以高粱、糯米、大米、小麦和玉米五种粮食为酿造原料，通过按比例精选辅料、蒸糟拌曲、封窖发酵、蒸馏摘酒、储存勾兑、检验包装等一整套独特完整而严谨的工艺制成。

2009年10月29日56%vol五粮液景泰蓝珍品龙凤呈祥750ml装

2009年五粮液（八〇一）

规　　格 | 52%vol　801ml　500ml

参考价格 | RMB 5,600／RMB 2,780

2009年52%vol八〇一五粮液801ml装　　　　　　2012年8月7日52%vol八〇一五粮液500ml装

2009年五粮液（坛装原酒）

规　　格 I 70%vol　6000ml

参考价格 I RMB 258,000

相关记事：

　　五粮液70°封坛酒（青花坛）严格按照五粮液传世之"陈氏秘方"配料，采用"包包曲"为发酵动力，在600多年明初古窖中发酵酿成，并严格按照"量质摘酒，按质并坛"的原则，取其精华作为封坛的原酒，再以五粮液的独有勾兑工艺，精心调制而成。其酒品质卓越限量封存，堪称酒中王者，点滴弥珍，是为超高端的评鉴、收藏极品。坛身采用永丰源高级国瓷人工手绘青花工艺，配以红釉具富贵大气。坛口采用18k金包裹钩边，限量封存100坛，珍贵稀有。

70%vol五粮液·封坛酒（青花坛）6000ml装

70％vol五粮液·封坛酒（黄釉坛）3000ml装

70％vol五粮液·封坛酒（红釉坛）6000ml装

70％vol五粮液·封坛酒（绿釉坛）6000ml装

70％vol五粮液·封坛酒（蓝釉坛）6000ml装

2011年蓝瓶金奖五粮液

规　　格 | 60%vol　500ml

参考价格 | RMB 2,680

2011年60%vol蓝瓶金奖五粮液500ml装

2011年68度典藏五粮液

规　　格 | 68%vol　450ml

参考价格 | RMB 2,780

2011年68%vol典藏五粮液450ml装和包装盒

2011年五粮液

2011年55%vol
1898五粮液500ml装

2010年11月19日52%vol
2012年09月04日52%vol
金玉满堂五粮液500ml装

2011年五粮液（金玉满堂）

2011年52%vol金玉满堂五粮液500ml装

2011年4月22日52%vol金玉满堂五粮液500ml包装盒

2006年52%vol金玉满堂五粮液500ml装

2011年4月22日52%vol金玉满堂五粮液500ml装

2012年五粮液

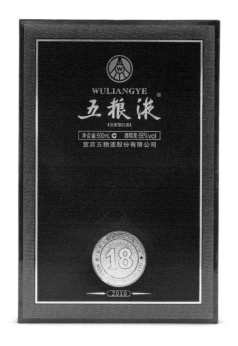

2012年6月 56%vol 18五粮液500ml装

2012年52%vol金壁圣宴五粮液500ml装

2012年五粮液

2012年8月20日52%vol
真藏五粮液500ml装

2012年52%vol真藏五粮液500ml装

2012年52%vol特酿五粮液500ml装

2012年五粮液（酒中八仙套装）

规　　格 | 60%vol　500ml

参考价格 | RMB 35,800（1×8瓶）

相关记事:

　　"酒中八仙酒"是五粮液推出的收藏酒，共8瓶，500毫升装。此酒用五粮液百年窖藏的精华原酒，进一步萃取完美，每万升仅能取到二三百升，这种比例百里挑一的精华原酒，属于前所未有的"60°特制陈酿"。

　　五粮液特邀台湾的陶瓷大师，以高科技的烤花烧瓷技术，烧制出全套胶白如雪的收藏级艺术浮雕酒瓶。将厦门博物馆收藏的明代吴派大画家尤求的《饮中八仙图》再现于酒瓶之上，八仙才俊，栩栩如生，跃然瓶上。酒瓶盖的设计也匠心独运，就八仙的个性特征，分别饰以相应的文化象征符号。

2012年12月16日酒中八仙五粮液（背图、收藏证书、包装盒套装）

贺知章　　　　　　　李　琎　　　　　　　李适之　　　　　　　崔宗之

苏晋　　　　　　　　李　白　　　　　　　张　旭　　　　　　　焦　遂

2012年五粮液（金樽）

规　　格 | 52%vol　500ml

参考价格 | RMB 2,699

2012年52%vol金樽五粮液500ml装

2013年五粮液（礼鉴藏品）

规　　格 | 52%vol　450ml

参考价格 | RMB 2,380

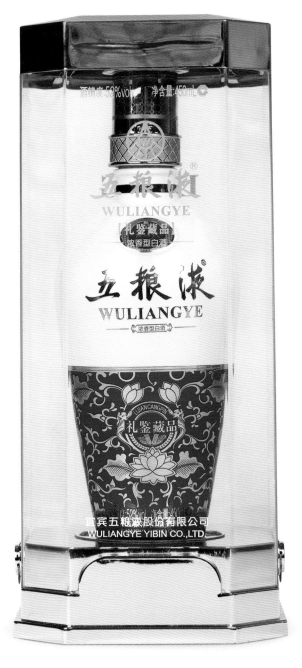

2013年52%vol礼鉴藏品五粮液450ml装

2015年五粮液（三百年古窖池收藏酒）

规　　格 I 70％vol　5000ml

参考价格 I RMB 88,000

相关记事：

　　五粮液三百年古窖池收藏酒（黄金坛），充分发挥本地粮食优秀特质，升级五粮液酿酒用粮品质，释放五粮酿造传统工艺优势，研究发明生态白酒。

　　五粮液三百年古窖池收藏酒（黄金坛），全球限量300坛，外包装38.9克黄金打造。

70％vol 300年古窖池五粮液5000ml装

收藏证书

2015年五粮液300年古窖池收藏酒包装盒

2017年五粮液 70度珍藏酒（日月生辉）

规　　格 l 70%vol　500ml 1500ml 3000ml 4500ml

参考价格 l RMB 75,600（套装）

　　五粮液 70°珍藏酒（日月生辉）由宜宾五粮液股份有限公司出品，依托五粮液 600 多年明代古窖酿造工艺，由国家级酿酒大师优选勾调，在五粮液专属窖藏区进行封坛独立窖藏，名酒中的珍品。全球限量 14000 份，每坛酒的瓶身号码与收藏证书的号码一致，是专属的身份信息。

2017年70%vol 70° 珍藏酒五粮液500ml、1500ml、3000ml、4500ml装

收藏证书

收藏证书

2017年70%vol 70° 珍藏酒五粮液500ml、1500ml、3000ml、4500ml装

2017年五粮液（缘定晶生：天鹅款）

规　　格 | 52%vol　520ml

参考价格 | RMB 12,800

相关记事：

　　巧妙地采用了"瓶中瓶"设计，并分别用278颗、54颗和148颗施华洛世奇元素来点缀底座、瓶身表面及水晶瓶头。天鹅的身躯以几何图案呈现，富有现代感；切割面搭配水晶，展现闪亮耀眼的水晶光芒。

2017年10月52%vol缘定晶生五粮液520ml装

2018年五粮液（缘定晶生：戒指款）

规　　格 I 52%vol 39%vol　500ml

参考价格 I RMB 2,580 / RMB 2,480

相关记事：

　　采用戒指设计为身，以一颗巨大水晶元素为瓶头，瓶颈两颗水晶作为点缀，国际级的切割技术呈现多层面和多角度的璀璨光芒，展现其无与伦比的光彩。

2018年5月3日52%vol、39%vol五粮液·缘定晶生500ml装

2018年五粮液（新时代·国运昌）

规　　格 | 52%vol　750ml

参考价格 | RMB 2,580

相关记事：

　　五粮液于 2018 年与时俱进的推出"新时代·国运昌"纪念酒（52°），该产品酒体稀缺，定位于具有收藏价值的高端白酒，且拥有极强的时代印记，极具收藏价值。瓶体沿用五粮液经典鼓型瓶身，通体透明，瓶标处嵌入新时代发展的辉煌场景和象征文明、和平的白鸽，蕴含对新时代、新征程的美好期许。

2018年2月5日52%vol五粮液750ml装

2018年五粮液

规　　格 I 52%vol　500ml
参考价格 I RMB 1,580／RMB 1,980

2018年52%vol红瓷五粮液500ml装

2017年52%vol水晶盒虎符令五粮液500ml装

2018年五粮液（万店浓香）

规　　格 I 52%vol　500ml

参考价格 I RMB 3,980

相关记事：

　　五粮液"万店浓香"主题产品是五粮液集团打造"独特、稀缺、个性"维度的又一力作。以"大力神杯"为设计原型；足球造型的陶瓷瓶盖，采用 24K 金手工描金实现金色磨砂质感；酒瓶材质采用中国传统的高端陶瓷，表面同样采用 24K 金手工描绘；外盒颜色选用绿茵场的颜色——墨绿色，磨砂质感加以特殊烫金工艺，外盒独特的形式与材质彰显产品的尊贵气质。

2018年7月20日52%vol五粮液500ml装和包装盒

2021年五粮液（鉴赏）

规　　格 I 52%vol　500ml

参考价格 I RMB 2,980

2021年52%vol五粮液·鉴赏500ml装

2019年五粮液故宫博物院九龙坛（黄）

规　　格 I 52%vol　50L 5L 1.5L

参考价格 I RMB 398,000 / RMB 39,800 / RMB 12,800

特征：

　　此款五粮液设计制作的核心文化元素来源于故宫九龙壁，瓶身选用九龙壁上形态各异的九龙造型，龙纹浮雕于瓷器表面，采用纯手工画彩的工艺进行着色。瓶盖借鉴玉玺造型，整体外观以"帝王黄"为主色调，展现了其尊贵和稀有的特性。

2019年九龙坛52%vol五粮液50L装（黄）

九龙坛包装礼盒

2019年九龙坛52%vol五粮液5L装（黄）　　　　　2019年九龙坛52%vol五粮液1.5L装（黄）

2019年五粮液故宫博物院九龙坛（蓝）

规　　格 I 52%vol　50L 5L 1.5L

参考价格 I RMB 398,000 / RMB 39,800 / RMB 12,800

特征:

　　九龙坛 · 五粮液设计制作的核心文化元素来源于故宫九龙壁，瓶身选用九龙壁上形态各异的九龙造型，龙纹浮雕于瓷器表面，采用纯手工画彩的工艺进行着色。瓶盖借鉴玉玺造型，展现了其尊贵和稀有的特性。

2019年九龙坛52%vol五粮液50L装（蓝）

九龙坛包装礼盒

2019年九龙坛52％vol五粮液5L装（蓝）

2019年九龙坛52％vol五粮液1.5L装（蓝）

五粮液（熊猫）

2002年5月29日52%vol熊猫五粮液500ml装和包装盒

2003年1月16日52%vol熊猫五粮液500ml装和包装盒

五粮液（熊猫）

2003年3月4日52%vol熊猫五粮液500ml装和包装盒

2004年39%vol熊猫五粮液250ml×2装和包装盒

五粮液（熊猫）

2004～2006年52%vol熊猫五粮液500ml装和包装盒

2005年52%vol熊猫五粮液500ml装和包装盒（黄）

五粮液（熊猫）

2005年52%vol熊猫五粮液500ml装和包装盒（红）

2010年12月23日50%vol熊猫五粮液500ml装和包装盒

五粮液（熊猫）

2013年52%vol熊猫五粮液250ml装　　　　2017年12月26日52%vol熊猫五粮液250ml装

2011年52%vol熊猫五粮液250ml×2装和包装盒

五粮液（熊猫）

2019年52%vol熊猫五粮液50ml×5装和包装盒

2017年12月31日52%vol熊猫五粮液500ml装和包装盒

2019年12月31日52%vol熊猫五粮液500ml装和包装盒

五粮液（熊猫）

2019年10月22日
52%vol熊猫五粮液250ml装（黑色）

2019年11月6日
52%vol熊猫五粮液250ml装（金色）

2019年11月6日
52%vol熊猫五粮液250ml装（红色）

2019年10月22日
52%vol熊猫五粮液500ml装（黑色）

2019年11月1日
52%vol熊猫五粮液500ml装（金色）

2019年11月1日
52%vol熊猫五粮液500ml装（红色）

408

巴蜀珍獸廣結
友情
石糧泌汩厥百念
一九八九年迎春節
正澤筆

五粮液（一帆风顺）

规　　格 | 52%vol　500ml

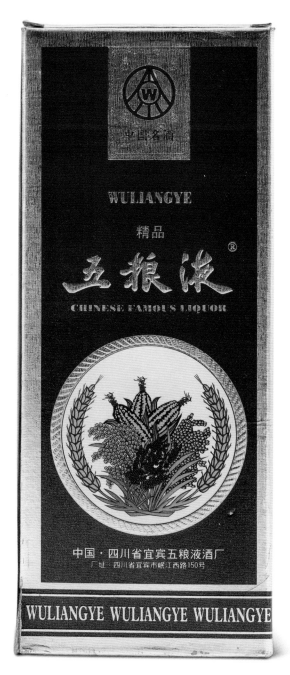

1998年52%vol一帆风顺五粮液500ml装和包装盒（中国·四川宜宾五粮液酒厂）

五粮液（一帆风顺）

规　　格 I 52%vol　500ml

1999年52%vol一帆风顺五粮液500ml装和包装盒（宜宾五粮液股份有限公司）

五粮液（一帆风顺）

规　　格 | 52%vol　500ml

1999年11月19日52%vol一帆风顺五粮液500ml装和包装盒

五粮液（一帆风顺）

规　　格 I 52%vol　500ml

2000年12月8日52%vol
一帆风顺五粮液500ml装

2000年52%vol一帆风顺五粮液500ml装和包装盒

五粮液（一帆风顺）

规　　格 | 39%vol　500ml

2000年3月18日39%vol一帆风顺五粮液500ml装和包装盒

五粮液（一帆风顺）

规　　格 I 52%vol　1400ml 1500ml

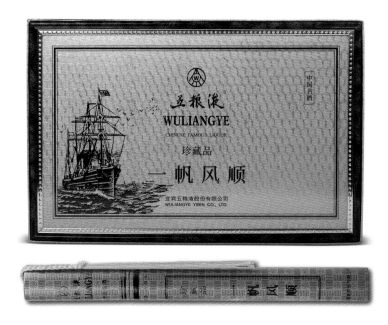

2000年52%vol一帆风顺五粮液1400ml、1500ml装和包装盒

五粮液（一帆风顺）

规　　格 | 39%vol　500ml

2001年39%vol一帆风顺五粮液500ml装和包装盒

五粮液（一帆风顺）

规　　格Ⅰ52%vol　480ml

2003年52%vol一帆风顺五粮液480ml装和包装盒

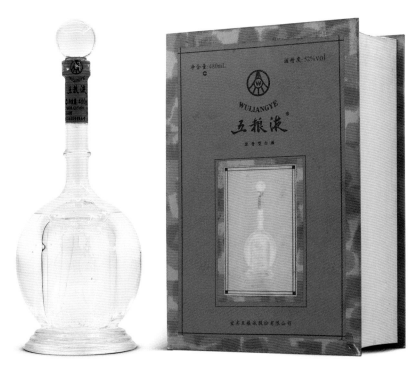

2003年52%vol一帆风顺五粮液480ml装和包装盒

五粮液（一帆风顺）

规　　格 I 52%vol　500ml

2003年52%vol一帆风顺五粮液500ml装和包装盒

五粮液（一帆风顺）

规　　格 l 52%vol　480ml

2003年52%vol一帆风顺五粮液480ml装和包装盒

五粮液（一帆风顺）

规　格 | 52%vol　480ml

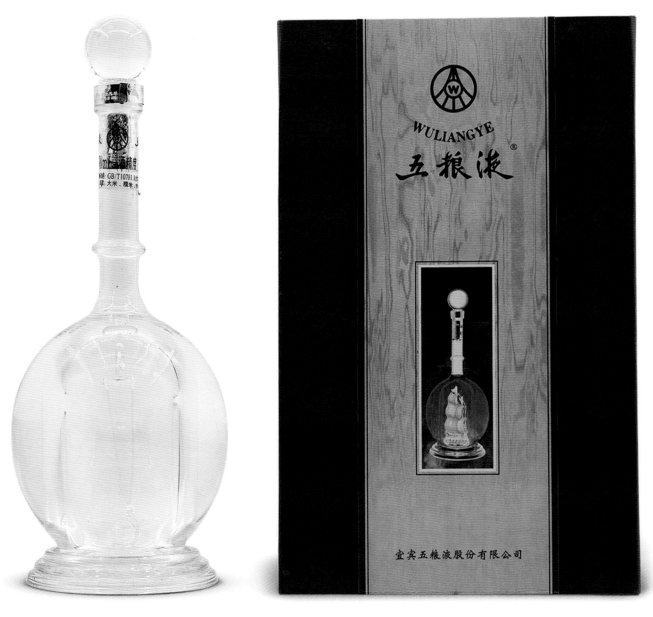

2003年52%vol一帆风顺五粮液480ml装和包装盒

五粮液（一帆风顺）

规　　格 | 39%vol 52%vol　250ml×2

2003年39%vol一帆风顺、鹏程万里五粮液250ml×2装和包装盒

2003年52%vol一帆风顺、鹏程万里五粮液250ml×2装和包装盒

五粮液（一帆风顺）

规　　格 | 52%vol　1000ml

2006年3月28日52%vol一帆风顺五粮液
500ml+100ml装和包装盒

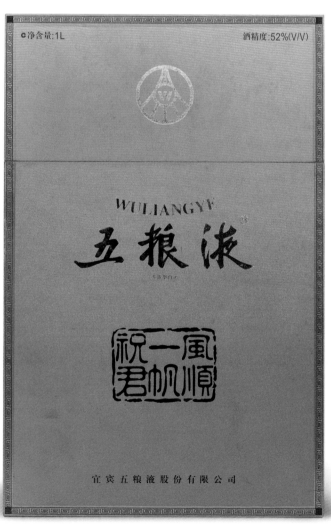

2005年52%vol一帆风顺五粮液1000ml装和包装盒

五粮液（一帆风顺）

规　格 | 52%vol　480ml+100ml　250ml×2

2008年52%vol一帆风顺五粮液480ml+100ml装和包装盒

2010年52%vol一帆风顺五粮液250ml×2装和包装盒

五粮液（一帆风顺）

规　　格 | 39%vol　480ml

2015年4月10日39%vol祝君一帆风顺（郑和下西洋）480ml装和包装盒

五粮液（一帆风顺）

规　　格 | 52%vol　480ml

2017年52%vol一帆风顺五粮液250ml×2装和包装盒

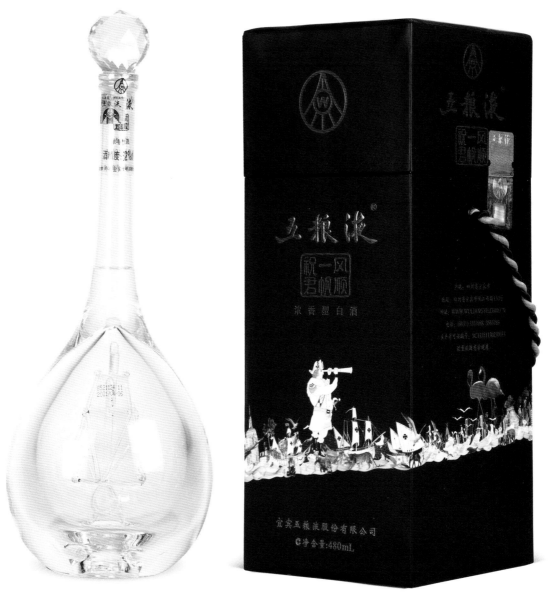

2015年4月10日52%vol祝君一帆风顺（拿破仑发现新大陆）五粮液480ml装和包装盒

五粮液（金榜题名）

规　　格 | 39%vol 52%vol　480ml

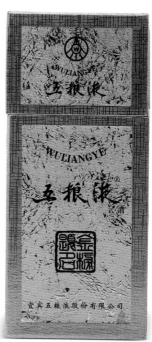

2006年39%vol、52%vol金榜题名五粮液480ml装和包装盒

2006年39%vol、52%vol金榜题名五粮液480ml装和包装盒

五粮液（金榜题名）

规　　格 I 52%vol 45%vol　480ml+250ml+100ml 500ml

2006年52%vol金榜题名五粮液480ml+250ml+100ml装和包装盒

2006年10月11日45%vol金榜题名五粮液500ml装和包装盒

五粮液（金榜题名）

规　　格 l 52%vol　480ml

金榜题名五粮液福酒介绍

2007年52%vol金榜题名五粮液480ml装和包装盒

五粮液（金榜题名）

规　　格 l 52%vol 39%vol　480ml

2008年52%vol、39%vol金榜题名五粮液480ml装和包装盒

2008年52%vol、39%vol金榜题名五粮液480ml装和包装盒

五粮液（金榜题名）

规　　格 I 52%vol　480ml

2018年8月17日52%vol金榜题名五粮液480ml装和包装盒

五粮液（金榜题名）

规　　格 I 52%vol　480ml

2018年52%vol金榜题名五粮液480ml装和包装盒

2011年52%vol金榜题名五粮液480ml装和包装盒

五粮液（马到成功）

规　　格 | 72%vol 52%vol　1000ml 500ml

2005年72%vol马到成功五粮液1000ml装

2011年1月21日52%vol马到成功五粮液500ml装和包装盒

五粮液（马到成功）

规　　格 | 52%vol　250ml　480ml

2003年3月3日52%vol仰天长啸500ml（马）

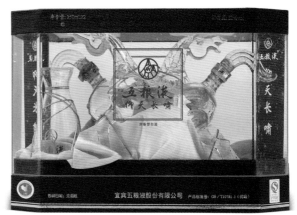

2011年52%vol马到成功五粮液250ml装和包装盒

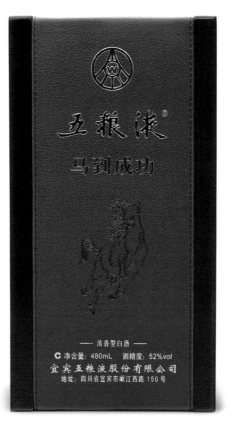

2012年1月17日52%vol马到成功五粮液480ml装和包装盒

五粮液（一马当先）

规　　格 | 52%vol　1888ml

相关记事：

　　12月19日，2010中国宜宾酒圣节五粮液藏品酒拍卖会上，一瓶限量版的"一马当先"五粮液藏品酒以508.8万元的高价成交。据悉，这是宜宾举办的首次高端白酒拍卖会，11件藏品酒拍卖成交总价值为1942.6万元。

2007年52%vol一马当先珍品五粮液1888ml装

五粮液（一马当先）

规　　格 | 52%vol 39%vol　500ml

2008年12月12日52%vol、39%vol一马当先精品五粮液500ml装和包装盒

五粮液（一马当先）

规　　格 | 52%vol　250ml×2　400ml+100ml

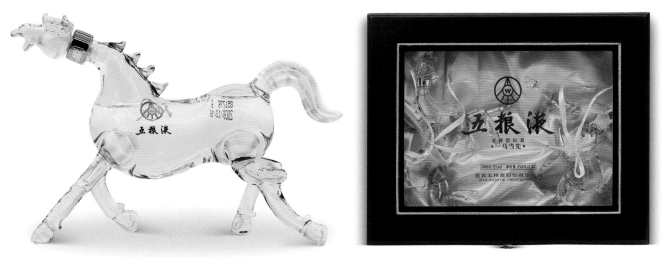

2008年12月16日52%vol一马当先五粮液250ml×2装和包装盒

2010年52%vol一马当先五粮液400ml+100ml装和包装盒

五粮液（一马当先）

规　　格 | 52%vol　100ml 500ml

2010年4月3日52%vol一马当先五粮液100ml装和包装盒

2010年4月3日52%vol一马当先五粮液500ml装和包装盒

五粮液（一马当先）

规　　格 | 52%vol　400ml 500ml

2013年52%vol一马当先五粮液400ml装和包装盒

2013年52%vol一马当先五粮液500ml装和包装盒

五粮液（酒王酒）

2010年7月19日年52%vol酒王酒五粮液500ml装

2018年52%vol酒王酒五粮液500ml装

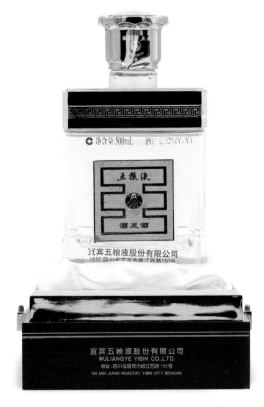

2003年52%vol酒王酒五粮液500ml装

2017年12月18日52%vol酒王酒五粮液500ml装

五粮液（鹏程万里）

规　　格 | 52%vol　1000ml

相关记事:

　　五粮液·祝君鹏程万里凭借精湛制作工艺和超前设计视角，开创中国白酒立体包装之先河，谱写了中国白酒历史新篇章，具有里程碑意义。

2001年52%vol 鹏程万里五粮液1000ml装和包装盒

五粮液（鹏程万里）

规　　格 I 39%vol　500ml

2004年39%vol鹏城万里五粮液500ml装和包装盒

五粮液（鹏程万里）

规　　格 | 52%vol　350ml

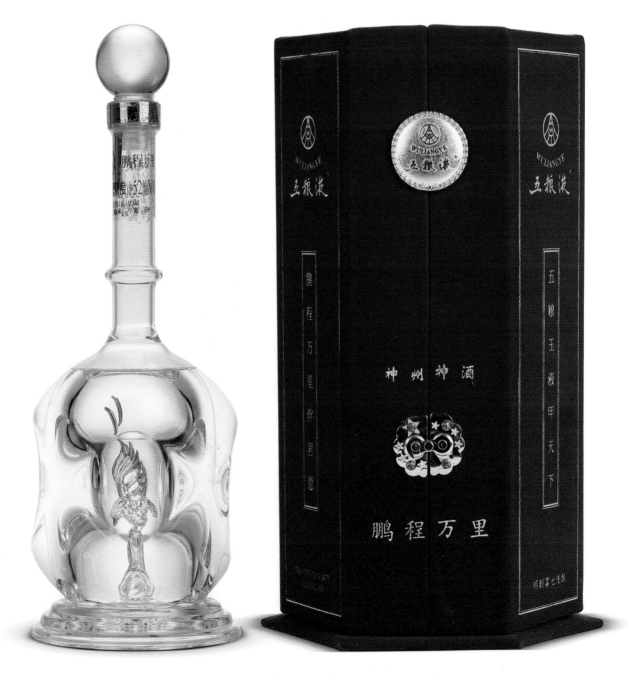

2002年52%vol鹏程万里五粮液350ml装和包装盒

五粮液（鹏程万里）

规　　格 | 52%vol　480ml

2003年52%vol鹏程万里五粮液480ml装和包装盒

2003年10月2日52%vol鹏程万里五粮液480ml装和包装盒

五粮液（鹏程万里）

规　　格 | 39%vol　250ml

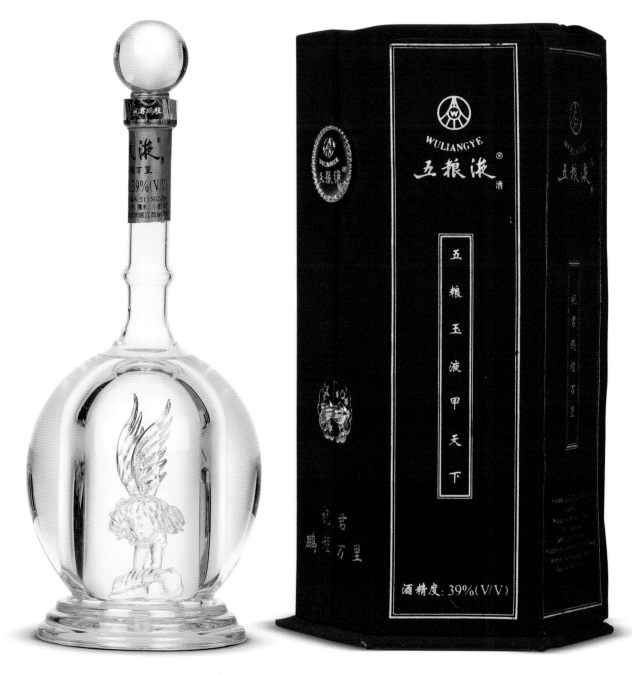

2004年39%vol鹏城万里五粮液250ml装和包装盒

五粮液（鹏程万里）

规　　格丨52%vol　250ml

2005年52%vol鹏程万里五粮液250ml装和包装盒

2006年9月26日52%vol鹏城万里五粮液250ml装

五粮液（百鸟朝凤）

规　　格丨52%vol　500ml

特征：

　　五粮液"百鸟朝凤"为中国名酒五粮液的又一新品。包装设计新颖，寓意五粮液厚重的史、辉煌的现时和繁荣兴盛的未来。

　　酒瓶采用最新材料，制作精美，晶莹剔透，雍容华贵。包装盒内随赠一只水晶空心花瓣装饰瓶盖，瓶盖在插入酒瓶瓶口后。可使酒瓶变为极具观赏价值和使用价值的工艺花瓶。

2000年52%vol百鸟朝凤五粮液500ml装和包装盒

五粮液（百鸟朝凤）

规　　格 | 39%vol　52%vol　500ml

2001年39%vol百鸟朝凤五粮液500ml装和包装盒

2001年52%vol百鸟朝凤五粮液500ml装和包装盒

五粮液（百鸟朝凤）

规　　格 | 39%vol 52%vol　500ml

2001年3月3日39%vol百鸟朝凤五粮液500ml装和包装盒

2001年3月3日52%vol百鸟朝凤五粮液500ml装和包装盒

五粮液（百鸟朝凤）

规　　格 I 52%vol　500ml

2002年52%vol百鸟朝凤五粮液500ml装和包装盒

2002年52%vol百鸟朝凤五粮液500ml装和包装盒

2009、2016年五粮液（复刻酒）

规　　格 | 52%vol　500ml

参考价格 | RMB 2,200 / RMB 3,680

2009年6月4日52%vol中国名酒收藏套装
（五粮液）500ml装

2016年52%vol八大名酒之–五粮液
（复刻版）500ml装

2017年交杯牌五粮液

规　　格 I 60%vol　500ml

参考价格 I RMB 6,880

2017年60%vol交杯牌五粮液复刻版（八大名酒之五粮液）500ml装

2018年五粮液（相约2035纪念酒）

规　　格 | 52%vol　500ml

相关记事：

　　2018年12月16日，由中国酒业协会与五粮液携手创制的"五粮液·相约2035"收藏酒在中国酒都宜宾隆重发布。该款酒以1978年产五粮液为基础，精选40年来五粮液各年份留存的陈年基酒，由中国白酒大师范国琼带领五粮液首席白酒品酒师团队，精挑细选，以最完美的比例勾调，经岁月的洗礼，浓缩40年酿酒历程，荟萃40年恰到好处的芳华，耀世呈现。此外，"五粮液·相约2035"还复刻原"交杯牌"五粮液标准瓶（500毫升/瓶），火漆封印，一瓶一码，配中国酒业协会收藏证书，限量生产2035瓶。发布会现场还举行了该收藏酒的竞买，一组3瓶酒以6万元起拍，最终被歌德盈香股份有限公司总裁刘旭以100万元的价格成功竞得。

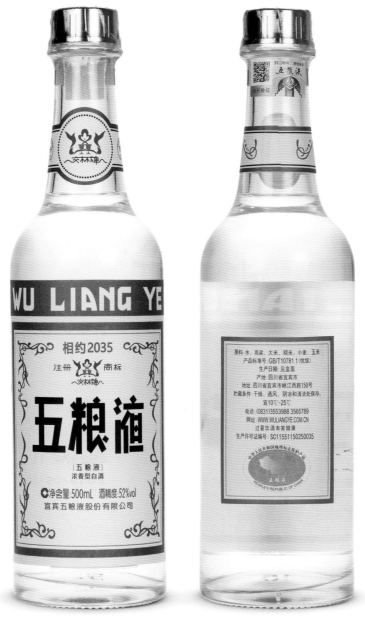

2018年52%vol五粮液500ml装

2018年麦穗瓶五粮液（致80年代）

规　　格 I 52%vol 39%vol　500ml

参考价格 I RMB 1,259 / RMB 859

2018年3月13日52%vol五粮液500ml装　　2018年3月13日39%vol五粮液500ml装

第八章

定制酒·酒版

五粮液定制酒

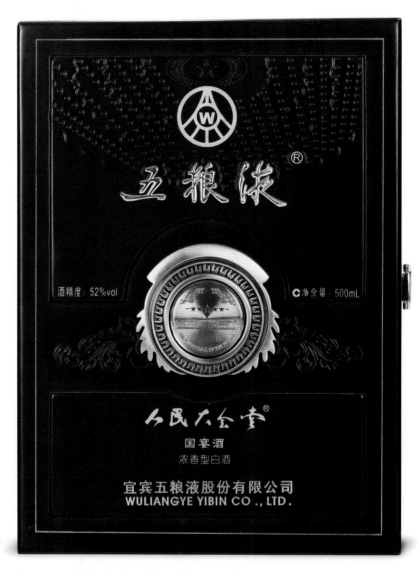

2006年11月29日52%vol五粮液人民大会堂 国宴酒500ml装

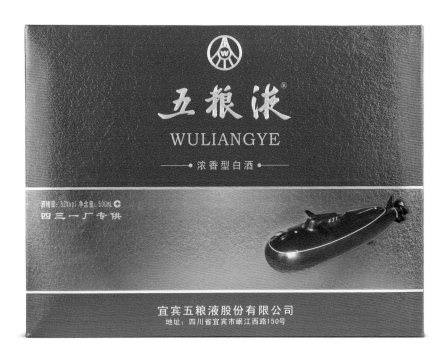

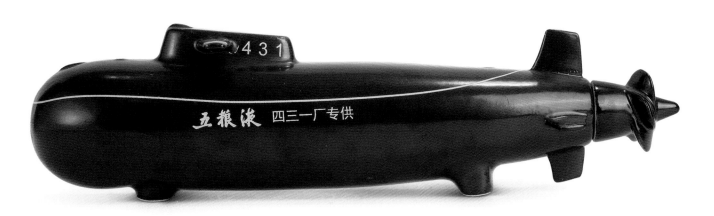

2006年52%vol四三一工程潜水艇 五粮液500ml装

五粮液定制酒

2005年9月5日娇子集团用酒金色熊猫
五粮液（52%vol 500ml）

2005年12月10日梅江南
五粮液（68%vol 500ml）

2005年7月22日八一大楼
五粮液（52%vol 500ml）

2006年9月16日成都军区
五粮液（52%vol 500ml）

2006年12月9日、2011年5月25日外交使团
五粮液（52%vol 500ml）

2005年1月13日中国南车集团资阳机车厂
五粮液（52%vol 500ml）

2006～2007年9月14日新华社专用
五粮液（52%vol 500ml）

2007年11月19日会展旅游集团
五粮液（52%vol 500ml）

五粮液定制酒

2007年6月1日人民大会堂国宴酒五粮液（52%vol 750ml）　　2007年人民大会堂（盒底红星）五粮液（39%vol 500ml）

2008年9月沈阳
五粮液（52%vol 500ml）

2007年10月9日沈阳军区总医院
五粮液（52%vol 500ml）

2007年10月27日沈阳军区
五粮液（52%vol 500ml）

2007年10月27日、2010年11月11日
中华人民共和国商务部专用
五粮液（52%vol 500ml）

2011年1月12日中华人民共和国商务部
定制五粮液（52%vol 500ml）

2007年7月13日庆祝内蒙古自治区
成立60周年鄂尔多斯市
五粮液（52%vol 500ml）

五粮液定制酒

2007年吉林金叶烟草
三十年五粮液（50%vol 500ml）

2008年川渝中烟工业公司
定制酒十五年五粮液（50%vol 500ml）

2007年7月12日欧亚集团
五粮液（52%vol 500ml）

2010年欧亚集团
五粮液（52%vol 500ml）

2008年7月大连
五粮液（52%vol 500ml）

2008年2月22日四川省政府驻京办
五粮液（52%vol 500ml）

2008年6月6日山东省东营市
市委办公室接待专用酒
五粮液（52%vol 500ml）

2008年红金龙集团
五粮液（52%vol 500ml）

五粮液定制酒

2008年3月17日胜利油田
五粮液（52%vol 500ml）

2008年3月19日部队
五粮液（52%vol 500ml）

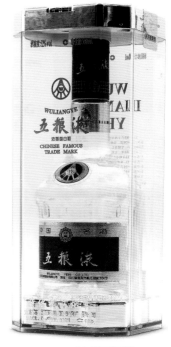

2008年武汉烟草
五粮液（52%vol 500ml）

2008年驻香港部队定制
五粮液（52%vol 500ml）

2008年中国石油四川公司
五粮液（52%vol 500ml）

2008年3月1日中国石油
五粮液（52%vol 500ml）

2008年8月19日中国人民解放军
总后直属保障局
五粮液（52%vol 500ml）

2009年4月30日北戴河
五粮液（39%vol 500ml）

2008年北戴河
五粮液（52%vol 500ml）

2008年8月27日新疆军区
五粮液（52%vol 500ml）

2008年1月19日兰州军区
五粮液（52%vol 1000ml）

2008年8月18日兰州军区
五粮液（52%vol 500ml）

五粮液定制酒

2008年3月4日中国铁路
五粮液（52%vol 500ml）

2008年3月8日、2010年3月26日
中国铁路五粮液（52%vol 500ml）

2009年中华人民共和国建国60周年
阅兵纪念五粮液（52%vol 500ml）

2009年8月22日大岛酒楼五周年
庆典纪念五粮液（52%vol 500ml）

2009年8月29日开元旅业
五粮液（52%vol 500ml）

2009年9月10日首都机场专机楼
五粮液（52%vol 500ml）

2009年7月29日亚洲艺术节定制
五粮液（52%vol 500ml）

2009年12月29日中国电信
五粮液（52%vol 500ml）

2009年11月2日辽宁采购中心
五粮液（52%vol 500ml）

2008年9月泰山
五粮液（52%vol 500ml）

中国平煤神马集团
五粮液（52%vol 500ml）

2010年1月14日东方锅炉专用
五粮液（52%vol 500ml）

五粮液定制酒

2008年人民大会堂国宴酒五粮液（39%vol 500ml）

2010年5月17日建发集团
三十周年纪念酒五粮液
（52%vol 500ml）

2010年珠海格力电器股份有限公司
五粮液（52%vol 500ml）

2010年4月21日衡水五粮液
（52%vol 500ml）

2010年2月6日将军定制
五粮液（52%vol 500ml）

2010年1月5日辽宁省采购中心
五粮液（52%vol 500ml）

2011年1月4日、2011年3月15日
中国糖业酒类集团定制五粮液
（52%vol 500ml）

五粮液定制酒

2015年人民大会堂五粮液（52%vol 500ml）

2011年3月22日国家发改委定制
五粮液（52%vol 500ml）

2010年南京军区
五粮液（52%vol 500ml）

2011年4月16日南京军区定制
五粮液（52%vol 500ml）

2011年6月24日中铁二十五局集团有限
公司定制五粮液（52%vol 500ml）

2011年8月22日中烟华贸定制
五粮液（52%vol 500ml）

2011年12月21日邯郸定制
五粮液（52%vol 500ml）

五粮液定制酒

2011年人民大会堂国宴酒五粮液（52%vol 500ml）

2011年3月28日九江线材有限公司
定制五粮液（52%vol 500ml）

2011年11月8日内蒙古民族商场有限公司
定制五粮液（52%vol 500ml）

2011年8月5日中国浩远集团
定制五粮液（52%vol 500ml）

2011年11月8日中国人民对外友好协会
定制五粮液（52%vol 500ml）

2011年天虹商场定制
五粮液（48%vol 500ml）

2011年3月13日广州军区定制
五粮液（52%vol 500ml）

五粮液定制酒

2010年德胜集团
十五年五粮液（50%vol 500ml）

2007年四川江油窦团山旅游发展有限公司酒
十年五粮液（50%vol 500ml）

2011年1月8日、2011年6月25日、2011年6月27日
中国一冶集团五粮液（52%vol 500ml）

2011年8月9日龙江银行定制
五粮液（50%vol 500ml）

2012年5月8日平安银行定制
五粮液（52%vol 500ml）

2008年11月13日、2011年1月1日、2013
年中国银行五粮液（52%vol 500ml）

2011年4月22日中航工业成发
定制五粮液（52%vol 500ml）

2012年11月9日天物浩英集团
定制五粮液（52%vol 500ml）

五粮液定制酒

2011年8月17日山东青岛楼山企业总公司
定制五粮液（50%vol 500ml）

2010年千山实业集团
五粮液（50%vol 500ml）

2011年河南邮政
定制五粮液（52%vol 500ml）

2007年10月29日大庆市接待专用
五粮液（52%vol 500ml）

2012年4月23日大庆市接待
定制五粮液（52%vol 500ml）

2012年1月20日北京外交人员免税商店
定制五粮液（52%vol 500ml）

2012年11月7日康泰斯
定制五粮液（52%vol 500ml）

2012年12月5日大连重工
定制五粮液（52%vol 500ml）

五粮液定制酒

2011年10月20日
五粮液（52%vol 500ml）

2016年1月12日人民大会堂定制
五粮液（52%vol 500ml）

世纪海景实业发展有限公司
定制五粮液（52%vol 500ml）

2012年5月9日石岛宾馆
定制五粮液（52%vol 500ml）

2015年12月29日限量版
五粮液（39%vol 500ml）

2015年8月14日澳洋集团
定制五粮液（52%vol 500ml）

2012年12月11日东方锅炉股份有限公司
定制五粮液（52%vol 500ml）

五粮液定制酒

2015年人民大会堂五粮液（52%vol 500ml）

2018年中国国际酒业博览会
五粮液（52%vol 500ml）

2016年12月24日
东北亚铁路集团定制五粮液
（52%vol 500ml）

2010年8月5日、2018年
河北新武安钢铁集团特供酒
（52%vol 500ml）

2018年定制
五粮液（52%vol 500ml）

2012年1月20日、2012年4月20日
天津荣程联合钢铁集团定制五粮液
（52%vol 500ml）

大庆油田
五粮液（52%vol 500ml）

五粮液定制酒

2016年人民大会堂五粮液（52%vol 500ml）

开元酒店集团
定制五粮液（52%vol 500ml）

中国移动通信
五粮液（52%vol 500ml）

建发酒业
五粮液（52%vol 500ml）

驻湖部队
五粮液（52%vol 500ml）

华北石化
五粮液（52%vol 500ml）

江苏国信集团
五粮液（52%vol 500ml）

五粮液定制酒

2017年纪念国宝五粮液·中国政府对外交流·感知中国
五粮液（52%vol 500ml）

中国铁建五粮液
（52%vol 500ml）

2012年11月12日中国铁建
定制五粮液（52%vol 500ml）

第七代经典限量收藏版
五粮液（52%vol 500ml）

中国酒业协会名酒收藏委员会纪念酒
五粮液（52%vol 500ml）

陕西省军区
五粮液（52%vol 500ml）

2017年6月锦庄酒行
定制五粮液（52%vol 500ml）

五粮液酒版

1995年五粮液
（52%vol 50ml）

1998年铁盖长城五粮液
（39%vol 50ml）

1998年五粮液（52%vol 50ml）

2004年五粮液（68%vol 50ml）

2006年五粮液（55%vol、50%vol 30ml）

2007年10月9日／10日
人民大会堂国宴酒（52%vol 50ml）

2007年12月27日金盖
金标五粮液（60%vol 30ml）

五粮液—海外市场专销
五粮液（52%vol 50ml）

2010年三十年五粮液
（52%vol 50ml）

2009年4月30日熊猫五粮液
（52%vol 50ml）

2010年熊猫五粮液
（52%vol 50ml）

2015年12月12日五粮液
（56%vol 50ml）

2016年五粮液
（52%vol 50ml）

五粮液酒版

2017年五粮液
（39%vol 50ml）

2018年7月31日长城五粮液
（52%vol 50ml）

2018年7月31日长城五粮液
（52%vol 50ml）

2018年7月31日鼓型瓶五粮液
老酒（56%vol 50ml）

2018年7月31日利川永酒标
五粮液（52%vol 50ml）

2018年7月31日交杯牌鼓型瓶
五粮液品鉴（52%vol 50ml）

2018年7月31日鼓型瓶
五粮液（52%vol 50ml）

2018年7月31日麦穗瓶
五粮液（52%vol 50ml）

2015年五粮液
（39%vol 50ml）

2018年五粮之旅四川
国际文化旅游节指定商品
（50%vol 50ml）

2019年12月13日金瓶
五粮液（52%vol 50ml）

2019年10月五粮液70° 珍藏酒
（70%vol 75ml）

2009年5月6日五粮液人民大会堂国宴酒
（52%vol 50ml×2）

五粮液酒版

2003年1月27日小十二生肖五粮液
（52%vol 100ml）

2005年8月12日小十二生肖五粮液
（52%vol 100ml）

2019年12月17日金装、交杯五粮液套装
（含酒杯）（52%vol 50ml）

2019年五粮液文创礼盒酒版
（56%vol 50ml）

2019年和美锦礼五粮液套装
（52%vol 50ml）

五粮液酒版

第一代五粮液
1909~1939年

第二代五粮液
1934~1958年

第三代五粮液
1959~1965年

第四代五粮液
1966~1998年

第五代五粮液
1989~1998年

第六代五粮液
1995~2004年

第七代五粮液
2003~2019年

第八代五粮液
2019至今

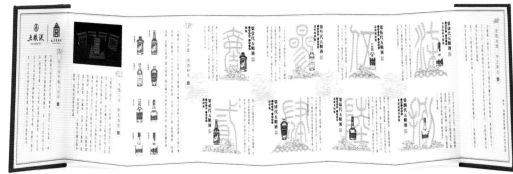

八方来和五粮液第1~8代复制版小酒收藏证书

收藏证书内容：

    以六百年敬六百年： 五粮液与故宫联袂打造五粮液·故宫"八方来和"，将紫禁风华与五粮精粹精妙融合，是"以六百年敬六百年"的极致礼献。"八方来和"内盛五粮琼浆，产自六百五十多年连续发酵的明初活性古窖池，集纳天地芬芳，以六百年国宝窖池美酒，敬祝六百岁紫禁风华。

    天地六合·和美为贵： 五粮液·故宫"八方来和"礼盒包装以"故宫红"为主色调，设计融合了五粮液传统文化和故宫祥瑞元素，祈愿金瓯永固、中正和美。巧妙的天地六合结构设计，天盖地托中有天地柱，旋转开启宫门，诠释时空轮转，象征自然规律，表达对传统文化的敬意，辘轳钱如意门窗纹饰，内藏第一至第八代五粮液，象征五谷丰登，家国富足，天地柱内藏金瓯永固杯，祝祷祖国繁荣昌盛。

    八代齐聚·团圆和美： 五粮液·故宫"八方来和"是五粮液公司倾力打造的文化创意酒，她精巧地复制了五粮液1909年得名以来的第一至第八代产品。品质稀缺、底蕴深厚，是限定渠道、限定数量、限定编号发售的至臻佳品，极具收藏价值。

    金瓯永固·中正和美： 五粮液·故宫"八方来和"天地柱中藏有金瓯永固杯，寓意家国安宁，天下太平。金瓯永固杯不仅在历史上有着非凡的意义，也被清朝皇帝视为珍贵的祖传器物。此次，五粮液向经典致敬，匠心复刻故宫博物院藏品 -- 清朝乾隆年间金嵌宝金瓯永固杯。

八方来和五粮液第1~8代复制版小酒包装盒和酒杯

五粮液酒版

相关记事：

　　"中国—东盟博览会"是中国和东盟 10 国政府经贸主管部门及东盟秘书处共同主办的国际经贸盛会，迄今已成功举办 16 届。2020 年，五粮液成为第 17 届东博会战略合作伙伴，为纪念双方首度合作，隆重推出五粮液·第 17 届中国—东盟博览会纪念酒。

中国—东盟博览会纪念酒

WULIANGYE
FROM CHINA
TO THE WORLD

收藏证书
Collection certificate

中国 - 东盟博览会纪念酒

CAMBODIA
INDONESIA
LAOS
PHILIPPINES
BRUNEI
MYANMAR
MALAYSIA
VIETNAM
THAILAND
SINGAPORE
CHINA

中国—东盟博览会是中国和东盟10国政府经贸主管部
门及东盟秘书处共同主办的国际经贸盛会，迄今已成功举
办16届。2020年，五粮液成为第17届东博会战略合作伙伴，
为纪念双方首度合作，隆重推出五粮液·第17届中国—东
盟博览会纪念酒

中国 - 东盟博览会纪念酒

附　录

品　鉴·收　藏

品鉴1973～2020年五粮液（上海站）

2019年12月15日，特邀嘉宾及众筹嘉宾合影留念（上海市国家会展中心洲际酒店·彩丰楼）。
前排左起：王浩骅、刘晓伟、曾从钦、宋书玉、杨振东、范国琼、许大同
后排左起：冯冲、袁世平、朱江、李飞、王浩、梁万民、梁万峰、李明强、刘剑锋、焦健、孙顺、迟志亮

从左至右依次为1988年07月1日、1988年05月1日、1989年04月4日、
1988年07月1日、1989年05月3日、1988年06月五粮液

2019年12月15日，国家会展中心上海洲际酒店·彩丰楼品鉴会集影。

品鉴1973～2020年五粮液（北京站）

2021年03月11日，特邀嘉宾及众筹嘉宾合影留念（北京名杨轩老酒俱乐部）。
前排左起：史世武、李明强、杨振东、徐岩、宋书玉、曹鸿英、陈乔、杜小威
后排左起：袁世平、梁万民、冯冲、陈伟宏、梁万峰、余洪山、李飞、陈峰、朱江

从左至右依次为1973年08月、1974年09月、1975年、1976年11月、
1977年11月、1978年10月、1979年06月五粮液

2021年03月11日，名杨轩老酒俱乐部品鉴会集影。

品鉴1973~2020年五粮液（北京站）

2021年03月12日，特邀嘉宾及众筹嘉宾合影留念（北京鲁采海鲜）。
前排左起：袁世平、余洪山、许大同、杨振东、史世武、李明强、朱江
后排左起：关澄鹏、王洋、牛学好、杨振龙、崔公磊、梁万峰、冯冲、陈伟宏、孙书立

2005年年份酒五粮液

2021年03月12日，北京鲁采海鲜品鉴会集影。

品鉴1973～2020年五粮液（成都站）

2021年04月29日，特邀嘉宾及众筹嘉宾合影留念（成都川酿白酒体验馆）。
前排左起：张馨、郑杰、沈毅、代春、杨官荣、杨振东
后排左起：刘三好、马磊、李飞、刘霞、王金海、焦健、陈波、彭毅、吴贵鹏、陈伟宏、冯冲、马泽东

1990～1999年五粮液

2021年04月29日，成都川酿白酒体验馆品鉴会集影。

品鉴1973～2020年五粮液（杭州站）

2021年07月23日，特邀嘉宾及众筹嘉宾合影留念（杭州泛海钓鱼台酒店满天星厅）。
前排左起：张议月、朱迎结、杨洋、关伟丽、赵琴芳、于潇
后排左起：贾亚锋、关澄鹏、邵文宝、杨振龙、周岩松、孙文东、冯冲、杨振东、王赛时
李明强、刘剑锋、吴颂阳、焦健、斯舰东、许东海、黄海、张志、李宾

2000～2009年五粮液

2021年07月23日，杭州泛海钓鱼台酒店满天星厅品鉴会集影。

品鉴1973～2020年五粮液（色泽、酒花、空杯留香）

1973年8月
红标长江大桥五粮液

1974年9月
红标长江大桥五粮液

1975年
白标长江大桥五粮液

1976年11月
红标长江大桥五粮液

1977年10月
红标长江大桥五粮液

1978年10月
红标长江大桥五粮液

1979年6月
红标长江大桥五粮液

2006年11月18日
六十陈年五粮液

2006年9月26日
五十年陈年五粮液

2006年9月27日
三十年陈年五粮液

2005年7月19日
十五年陈年五粮液

2008年3月17日
十年陈年五粮液

1990年52度
优质牌红标五粮液

1991年52度
优质牌红标五粮液

1992年52度
长城五粮液

1993年52度
长城五粮液

1994年52度
长城五粮液

1995年52度
长城五粮液

1996年52度
长城五粮液

1997年52度
香港回归五粮液

1998年52度
红盒多棱瓶五粮液

1999年52度
澳门回归五粮液

2000年80年60度
金牌五粮液

2001年52度
百鸟朝凤五粮液

品鉴1973～2020年五粮液（色泽、酒花、空杯留香）

2002年52度
鹏程万里五粮液

2003年52度
金熊猫五粮液

2004年52度
一帆风顺五粮液

2005年56度
鼓型瓶五粮液老酒

2006年68度
豪华五粮液

2007年52度
1618五粮液

2008年52度
水晶盒五粮液

2009年56度
五粮液得名一百周年纪念酒

2010年52度
水晶盒五粮液

2011年度52度
水晶盒五粮液

2016年52度
生肖五粮液

2020年52度
第八代水晶盒五粮液

品鉴1973～2020年五粮液分享

自 2019 年 10 月 18 日开始，我们在北京、上海、宜宾、成都、杭州等地先后组织了 6 场众筹陈年五粮液品鉴会，品鉴了 1973 ～ 2009 年计 52 瓶五粮液，有 120 余位众筹嘉宾参加，19 位特邀嘉宾出席，在此衷心感谢中国酒业协会理事长宋书玉，五粮液集团董事长李曙光，总经理曾从钦，副总经理唐伯超，陈翀先生，范国琼老师、曹鸿英老师、陈乔老师等特邀嘉宾出席。在 6 场众筹陈年五粮液品鉴会中，共得到 40 余份品鉴记录资料，在此与大家分享如下：

一、陈年五粮液的外观标准

1. 酒满：现存酒量在原标准规格量的 95% 以上为酒满。

2. 酒花好：开酒后，将酒倒入透明玻璃瓶（约 750 毫升）内，快速上下摇晃 7 次，待酒花消散到有 3 ～ 6 个高粱粒大小的连接酒气泡时，这段时间 60°五粮液酒花在 9 秒左右为好，52 度五粮液酒花在 27 秒以上为好。

3. 品相好：正标、背标、酒盖封膜、酒盒的保存完好度在 95 分以上（100 分／满分），为品相好，品相好说明存酒的环境好，酒不容易有杂味。

4. 不跑气：晃几下整瓶酒后，鼻子贴近瓶口，无酒味或有酒的干香味，无明显的水汽味，为不跑气。

二、陈年五粮液的香气特点

古窖香、陈糟香、陈曲香、多粮香、陈香、草本香、花香、水果香、豆蔻香、炒香、焦香、焙烤香、厚余之香，复合为恰到好处的香。

三、陈年五粮液的口感特点

入口细腻甘美，喷香浓郁，醇厚黏稠，馥郁丰满，香甜细腻；入喉净爽绵长，涓涓丝滑，柔顺绵甜，滋味丰富，酒味全面；余味持久，干净优雅；回味甘甜、香味协调。一滴沾唇满口香，经过时间的沉淀，岁月的洗礼，五粮液老酒醇香更盛。

四、中国首席白酒品酒师对老五粮液的评语

2019 年 12 月 15 日，由中国酒业协会组织的中国首席白酒品酒师年会上，经过专业品评，中国首席白酒品酒师们评定 1988 年 60°鼓型瓶五粮液为：五粮液老酒酒色微黄，依然清澈；幽雅陈酿，五粮窖香，多香融合（古窖香、陈糟香、陈曲香），层次丰富，香气悠久；（入喉）净爽丝滑，余香持久、各味谐调，恰到好处，酒味全面，延绵回味，历久弥香，妙不可言。

2021 年 3 月 11 日，中国首席白酒品酒师曹鸿英、陈乔品评 1973 ～ 1979 年长江大桥五粮液：酒色微黄，依然清澈透明；多粮香，古窖香，陈香多香融合，符合为恰好的香，香气更显幽雅丰富；入口更加细腻，甘美，醇厚黏稠，过喉净爽丝滑，余香持久，延绵回味，历史弥香，馥郁丰满，厚余之香，恰到好处，妙不可言。

五、展望五粮液老酒的未来价值

中国名酒已经逐渐从消费品成为大众收藏品、投资品。收藏和投资是中国高端名酒新的销售方向。目前，各大名酒企业、知名酒商和大众消费者陆续加入这个行业，且这一趋势越来越明显，预示着名酒收藏将会成为名酒销售的金字塔塔尖，有着巨大的市场引导和引领作用。五粮液曾获中国四届名酒金奖，品质卓越，是中国最香的酒。尤其是老五粮液，经过时间的沉淀，喷香浓郁、各味谐调、妙不可言，是最高境界的恰到好处。由此可见，五粮液老酒未来有着巨大的收藏和投资价值。

以上见解，仅供参考。

杨振东　李明强

2021年8月15日